Thomas Joos

# Terminalserver mit Citrix Metaframe XP

Thomas Joos

# Terminalserver mit Citrix Metaframe XP

## Installieren – Konfigurieren – Administrieren – Optimieren

Bibliografische Information Der Deutschen Bibliothek
Die Deutsche Bibliothek verzeichnet diese Publikation in der Deutschen Nationalbibliografie;
detaillierte bibliografische Daten sind im Internet über <http://dnb.ddb.de> abrufbar.



1. Auflage Januar 2004



Der Vieweg-Verlag ist ein Unternehmen von Springer Science+Business Media.
www.vieweg-it.de

Konzeption und Layout des Umschlags: Ulrike Weigel, www.CorporateDesignGroup.de
Umschlagbild: Nina Faber de.sign, Wiesbaden

ISBN-13:978-3-528-05866-1        e-ISBN-13:978-3-322-83098-2
DOI: 10.1007/978-3-322-83098-2

Kommunikation ist das Schlüsselwort, welches für Unternehmen im dritten Jahrtausend zum Erfolg beiträgt. Ohne eine stabile, performante und überall verfügbare Kommunikation, ohne die Möglichkeit von überall mit jedem Gerät produktiv arbeiten zu können und ohne ständigen Zugriff auf alle Informationen, kann ein modernes Unternehmen heute nicht mehr bestehen.

Der Citrix Metaframe Presentation Server in der neuesten Version XP bietet für Unternehmen alle Möglichkeiten, auf Basis der Windows 2000- oder Windows 2003-Terminaldienste hochverfügbar, schnell und leicht bedienbar die Mitarbeiter von überall in der Welt an den Informationen des Betriebes teilhaben zu lassen. Mitarbeiter können über das Internet Ihre E-Mails bearbeiten, mit der Warenwirtschaft arbeiten, Kalendereinträge einsehen und auf alle Dokumente zugreifen, die Sie benötigen und das überall, mit jedem Gerät, zu jeder Zeit und sehr schnell.

Es ist im Grunde genommen recht einfach ein Citrix-System aufzubauen. Ich habe daher mit diesem Buch das Ziel verfolgt, dem Leser schnell, aber dennoch kompetent und ausführlich den Aufbau einer Citrix-Umgebung näher zu bringen. Ich habe bewusst auf Ausschweifungen und Wiederholungen verzichtet, sondern in diesem Werk alles weitergegeben, was ein Administrator zum Aufbau und zur Verwaltung einer Citrix-Umgebung benötigt.

Ich beschäftige mich seit Jahren mit Citrix, begonnen mit den ersten Winframe-Versionen. Zusammen mit meinen Partnern und Kollegen, vor allem Stefan Blumhagel, plane und installiere ich seit Jahren Citrix-Server bei zahlreichen Unternehmen. Es macht immer wieder Spaß die Begeisterung zu erleben, die EDV-Mitarbeiter eines Unternehmens entwickeln, wenn sie mit einem neu installierten Citrix-Server arbeiten. Und es macht immer wieder Spaß diese Server mit Stefan aufzubauen, der es versteht, zielgerichtet sein Fachwissen unseren Kunden zur Verfügung zu stellen. Daher möchte ich mich an dieser Stelle auch für seine Unterstützung bedanken. Ohne ihn hätte dieses Buch nicht entstehen können.

Ich widme dieses Buch meiner Freundin, meiner Familie, vor allem meiner Großmutter und meinem verstorbenen Großvater. Nur diesen Menschen verdanke ich, dass ich mein ganzes Berufsleben in der EDV erfolgreich war. Angefangen von

Aushilfsjobs während des Studiums, der Arbeit als Administrator und EDV-Leiter, bin ich mittlerweile mein eigener Chef und zusammen mit meinen Partnern Jochen Sihler und Jürgen Schäfer mit unserer Firma NT Solutions im IT Business sehr erfolgreich. Trotz des Stresses, der langen Arbeitstage und der Komplexität der Thematik möchte ich in meinem Leben keinen anderen Job machen. Mit diesem Buch gebe ich Ihnen unsere Begeisterung und Leidenschaft für die EDV und auch für Terminalserver mit Citrix weiter.

Viel Spaß !

Hof Erbach, Bad Wimpfen im Oktober 2003, Thomas Joos

# Inhaltsverzeichnis

# 1 Einleitung

Mit den Windows-Terminaldiensten ist es möglich, Windows-Anwendungen auf allen Arten von Geräten, auch mit anderen Betriebssystemen, laufen zu lassen. Dabei läuft die eigentlich Anwendung auf dem Terminal-Server, während der Benutzer mit einem Client Verbindung zu einer Sitzung auf einem Terminal-Server aufbaut. Auf dem Client werden nur die Bildschirmänderungen angezeigt. Dies funktioniert ähnlich wie bei der Fernwartung mit PC Anywhere oder VNC, nur deutlich schneller. Durch einen Terminal-Server lassen sich Anwendungen schnell in der Firma verbreiten, da diese nur auf einem oder mehreren Terminal-Servern installiert werden müssen und Clients sofort Verbindung zu diesem Server aufbauen können. Ein Terminalserver zeigt seine Stärken bei der schnellen Verteilung von Windows-basierten Anwendungen auf Rechner innerhalb eines Unternehmens – speziell auch von Anwendungen, die häufig aktualisiert werden, selten genutzt oder auch schwer zu verwalten sind. Wenn eine Anwendung auf einem Terminalserver und nicht separat auf jedem einzelnen Endgerät installiert werden muss, kann der Administrator sicher sein, dass Benutzer die aktuellste Version der Anwendung nutzen.

Gerade die Nutzung von Terminalservern für das Ausführen von Anwendungen über Verbindungen mit geringer Bandbreite – wie Wählverbindungen oder gemeinsam verwendete WAN-Links – zeigt sich als vorteilhaft, wenn auf große Datenmengen remote zugegriffen wird und diese Daten bearbeitet werden sollen. Hier werden nicht die Daten an sich, sondern nur die Bildschirmdarstellung übertragen. Der Einsatz eines Terminalservers steigert die Produktivität der Benutzer, da er ihnen die Möglichkeit bietet, an praktisch jedem Computer auf aktuelle Anwendungen zuzugreifen, auch wenn der Rechner von der Leistung her nicht dafür ausgelegt ist oder es sich um ein System handelt, das nicht auf Windows basiert.

Generell werden für die Arbeit mit den Terminaldiensten unter Windows 2000 und Windows Server 2003 nicht unbedingt Citrix Metaframe benötigt. Citrix ist sozusagen ein Addon, welches auf die Windows-Terminaldienste aufsetzt und diese um zahlreiche

Features erweitert. In den nachfolgenden Kapiteln gehe ich zunächst auf die Terminaldienste von Windows 2000 bzw. Windows Server 2003 ein. Seit Windows 2000 werden die Terminaldienste standardmäßig mit dem Betriebssystem ausgeliefert und können jederzeit aktiviert werden. Unter Windows NT 4 gab es noch eine eigene Serverversion für den Terminal-Server, die Windows NT 4 Terminal-Server Edition.

In Windows 2003 wurden die Terminaldienste von Windows 2000 noch mal stark verbessert sowie die Clientkomponente von Windows XP integriert.

## Geschichte

Ursprünglich wurden auch die Terminaldienste von Windows von Citrix entwickelt. Citrix hat auf Basis von Windows NT 3.51 ein Programm entwickelt, mit dem es möglich war, auf einem Windows NT 3.51 Server mehrere Benutzer-Sitzungen gleichzeitig zu öffnen. Dieses Programm hatte die Bezeichnung `Winframe` und war der direkte Vorgänger der heutigen Metaframe-Lösung von Citrix. In `Winframe` wurden die Prozesse der einzelnen Serversitzungen strikt voneinander getrennt, so dass Benutzer auch mit verschiedenen Berechtigungen auf einem Server arbeiten konnten. Microsoft hat nach der Entwicklung die Technologie von Winframe übernommen und erstmals in die `Windows NT 4 Terminalserver Edition` übernommen. Genau genommen sind also die Terminaldienste von Windows 2000 und Windows 2003 nichts anderes als eine verbesserte Version von Winframe, aber deutlich der Metaframe-Lösung von Citrix unterlegen.

## Funktionsprinzip

Wenn Benutzer mit einem PC arbeiten, werden Ihre Tastatur- und Mauseingaben direkt lokal wiedergegeben. Auch die Ausgabe des PC erfolgt direkt auf dem Bildschirm und alle Daten werden lokal verarbeitet. Die Geschwindigkeit einer Anwendung ist also direkt von der Performance des PCs abhängig.

Wenn Benutzer über einen Terminalserver arbeiten, werden die Tastatur- und Mauseingaben über ein Netzwerkprotokoll an einen Terminalserver übermittelt, der auch die Daten verwaltet. Die Bildschirmausgabe wird über das Netzwerk wieder an den Client übermittelt. Durch diese Arbeitsweise wird also die Last der Datenverarbeitung auf einen Server ausgelagert und der

Client-PC muss nur noch die Änderungen des Bildschirms anzeigen. Im Grunde genommen funktionieren bei der Arbeit mit einem Terminalserver die einzelnen Benutzer-PCs wie die dummen Terminals aus früherer Zeit.

*Hinweis*

Das Netzwerkprotokoll mit dem die Terminaldienste Daten mit den Clients austauschen, wird RDP (Remote Desktop Protokoll) genannt, welches mittlerweile in Windows Server 2003 in der Version 5.2 vorliegt.

Citrix arbeitet mit dem ICA-Protokoll (Independant Computing Architecture).

## Zielgruppe

Welche Benutzer profitieren von dieser Möglichkeit und welche Firmen können mit einer Terminalserverlösung einen Mehrwert erreichen?

Zunächst lässt sich dazu sagen, dass alle Arbeitsplätze die per remote angebunden werden, also mit einer schmalbandigen Leitung in Niederlassungen ohne Administrator bzw. von zu Hause, sehr stark von einem Terminalserver profitieren. Die beiden Protokolle RDP und ICA sind hauptsächlich für solche schmalbandigen Verbindungen optimiert und ermöglichen Remote-Benutzern die Arbeit im Firmennetzwerk mit allen Programmen, die benötigt werden, mit einer guten Performance auszuführen. Wenn Benutzer Probleme haben, können sich Administratoren per remote auf die gleiche Sitzung des Benutzers legen und schnell und effizient bei Problemen helfen.

Auch Firmen, die schnell bestimmte Softwaretitel an möglichst viele Benutzer verteilen wollen, profitieren von Terminalservern. Aus diesem Grund setzen vor allem Firmen mit SAP oder anderen mächtigen Warenwirtschaftssystemen immer mehr auf Terminalserver, da sich die Administrationskosten stark reduzieren lassen.

## Kosten und Lizenzierung

Viele Firmen gehen bei der Planung einer Terminalserver-Lösung aber auch mit einem falschen Ansatz an die Sache. Sie werden kaum weniger Kosten bei der Anschaffung von Hardware oder der Lizenzierung erreichen, oder wenn, dann nur wenig.

## Hardware

Auch die Einbindung eines Terminalservers erfordert Investitionen. Zunächst müssen Sie Hardware für den oder die Terminalserver anschaffen. Dabei müssen Sie davon ausgehen, dass die Prozessorlast und die Nutzung des Arbeitsspeichers mit steigender Benutzeranzahl stark ansteigt. Auf einem Terminalserver können nach meiner Erfahrung und je nach Anwendung maximal 50-60 Mitarbeiter gleichzeitig performant arbeiten, bevor die Leistung in die Knie geht. Wenn Sie also mehr Mitarbeiter anbinden wollen, benötigen Sie auch mehrere Server, vor allem auch aus Sicht der Ausfallsicherheit. Vor allem der Arbeitsspeicher ist ein wichtiger Punkt. Sie müssen damit rechnen, dass jeder Benutzer, der sich mit einem Terminalserver verbindet, mindestens 32 MB RAM benötigt. Ein Terminal-Server sollte also mindestens 512 MB RAM installiert haben, bei zahlreichen Benutzern natürlich entsprechend mehr.

Berücksichtigen Sie bei der Planung des Arbeitsspeichers nicht nur die Anzahl der Benutzer, sondern auch die Serverdienste des Terminalservers, die ebenfalls mindestens 256 MB RAM benötigen, besser 512 MB.

## Software

Außer der Hardware benötigen Sie für einen Terminalserver zusätzlich noch verschiedene Softwarelizenzen.

### Betriebssystem

Zusätzlich benötigen Sie für jeden Terminalserver noch eine Windows 2000 oder Windows 2003 Serverlizenz.

Abhängig vom Arbeitsspeicher des Servers benötigen Sie also einen Windows 2000 Standard Server (bis 4 GB RAM und 4 Prozessoren) oder einen Windows 2000 Advanced Server (bis 8 GB RAM und 8 Prozessoren). Die Datacenter Edition werden die wenigsten einsetzen, da diese an die Hardware eines Serverherstellers gebunden ist.

Wenn Sie Windows 2003 einsetzen, stehen Ihnen 4 verschiedene Servervarianten zur Verfügung, wobei Sie auch hier eigentlich nur aus Zweien wählen sollten. Für die Windows Server 2003 Datacenter Edition gilt das gleiche wie bei der entsprechenden Version unter Windows 2000. Diese ist an die Hardware eines Herstellers gebunden und kann nicht gesondert erworben werden. Aus diesen Gründen gehe ich in diesem Buch nicht auf diese Edition ein. Neu hinzugekommen ist bei Windows 2003 die `Web Edition`. Diese Edition ist im Vergleich zur `Standard Edition` noch mal eingeschränkt und unterstützt nur 2 GB RAM und 2 Prozessoren.

*Hinweis*

> Die Windows Server 2003 Web Edition unterstützt keine Terminaldienste.

Der `Windows Server 2003 Standard Edition` unterstützt weiterhin 4 Prozessoren und 4 GB RAM und die Terminaldienste.

Der Nachfolger des `Windows 2000 Advanced Server` ist der `Windows Server 2003 Enterprise Edition`. Diese Version unterstützt 8 Prozessoren, sowie 32 GB RAM. Die Enterprise Edition wird zusätzlich in einer 64-bit-Variante erscheinen und unterstützt dann bis zu 64 GB RAM.

### Server-Lizenzen (CALs)

Wenn Sie einen Terminalserver lizensieren, benötigen Sie für jeden Benutzer, wie bei normalen Serverzugriffen auf File- oder Printserver, eine entsprechende Server-Zugriffslizenz, auch CAL genannt. Diese CALs sind bei keinem Betriebssystem integriert, sondern müssen immer gesondert erworben werden.

### Terminalserver-Zugriffslizenzen (TS-CALs)

Bei einem Terminalserver unter Windows 2000 benötigen Sie zusätzlich noch für jeden Client, der sich mit dem Terminal-Server verbindet, eine spezielle Terminalserver-Zugriffslizenz. Diese Lizenz wird pro Maschine vergeben, gilt also nicht con current, also pro Zugriff. Wenn Sie nicht genügend Lizenzen einspielen, können Benutzer nur begrenzte Zeit mit einem Terminalserver arbeiten. Mehr zu diesem Thema erfahren Sie weiter hinten in diesem Buch.

*Hinweis*

> Bei Windows 2000 Professional und Windows XP Professional (nicht bei der Home Edition) ist bereits eine TS-CAL enthalten. Wenn Sie also diese Betriebssysteme einsetzen, benötigen Sie keine zusätzlichen CALs. Für alle anderen Betriebssysteme, die

*Hinweis*



### Citrix-Lizensierung

Wenn Sie zusätzlich auf diesem Server Citrix einsetzen, benötigen Sie darüber hinaus eine Citrix Metaframe Produktlizenz (siehe dazu später mehr) und Verbindungslizenzen für Citrix. Die Verbindungslizenzen bei Citrix sind hingegen con current. Sie müssen also nur so viele Lizenzen kaufen, wie sich Benutzer gleichzeitig mit dem Server verbinden.

*Hinweis*



## Neuerungen in Windows Server 2003

Microsoft hat in Windows Server 2003 zahlreiche Neuerungen in den Terminaldiensten mit eingebaut. Die Terminaldienste werden in Windows Server 2003 auf die gleiche Art und Weise installiert wie unter Windows 2000. Entweder wählen Sie bereits bei der Installation die Aktivierung der Terminaldienste mit aus, oder installieren diese nach der Installation nach.

Die Terminaldienste werden unter Windows Server 2003 genauso installiert wie unter Windows 2000, also bereits während der Installation oder nachträglich über die Systemsteuerung. Wie bei Windows 2000 auch, können Sie die Terminaldienste grundsätzlich auf zwei verschiedene Arten einsetzen. Die erste Variante ist die Variante die den Begriff Terminal-Server prägt, den Applikationsserver-Modus. Die zweite Variante ist die Installation zur Verwaltung eines Servers. Auf den nachfolgenden Seiten gehe ich etwas genauer auf diese beiden verschiedenen Varianten ein. Die Neuerungen in Windows Server 2003 erleichtern dabei die Arbeit mit Terminal-Servern deutlich.

Außer den Verbesserungen des Clients für den Zugriff auf einen Windows 2003-Terminalserver wurden auch einige Komponenten des Servers an sich deutlich verbessert.

### Remotedesktop für die Administration

Viele Firmen nutzen die Terminaldienste unter Windows 2000 für die Administration Ihrer Server. Wenn Sie unter Windows 2000 die Terminaldienste installieren, können Sie auswählen, ob diese im Anwendungsservermodus

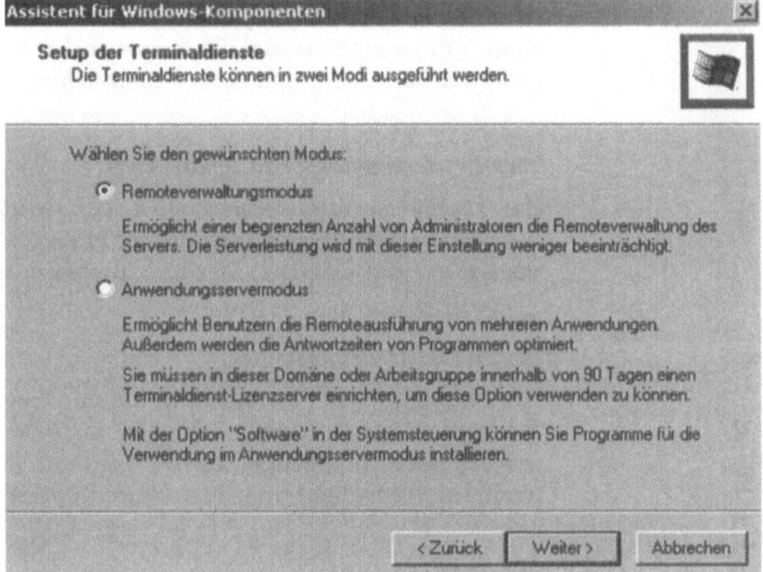


*Abb. 1.1: Modus eines Windows 2000-Terminal-Servers*

oder im Remoteverwaltungsmodus installiert werden sollen. Im Remoteverwaltungsmodus müssen keine weiteren Lizenzen installiert oder sonstige Maßnahmen durchgeführt werden. In diesem Modus können zwei Benutzer gleichzeitig Verbindung diesem Server aufbauen, um ihn remote zu verwalten.

Dieser Vorgang wurde in Windows Server 2003 abgeändert. Wenn Sie die Terminaldienste auf einem Windows Server 2003 installieren, werden diese immer im Anwendungsservermodus installiert. Wenn Sie die Remoteverwaltung aktivieren wollen, rufen Sie die Eigenschaften des Arbeitsplatzes auf und wechseln zur Registerkarte Remote. Hier können Sie jetzt, wie bei Windows XP auch, bestimmten Benutzern erlauben, mit der Remotedesktopverbindung eine Sitzung auf diesem Server aufzubauen. Standardmäßig dürfen nur die Mitglieder der lokalen Administratorengruppe eine solche Verbindung aufbauen. Sie können jederzeit an dieser Stelle weitere Benutzer hinzufügen.

### Druckerverwaltung

Die Druckertreiberzuordnung wurde neu gestaltet, um eine bessere Zuordnung bei Ausfällen treffen zu können. Wenn keine Übereinstimmung bei den Treibern gefunden werden kann, können Sie andere Standarddruckertreiber bestimmen, die Sie für Ihre Terminalserver bevorzugen. Der Druckstrom wird komprimiert, um so eine bessere Performance für langsame Verbindungen zwischen Client und Server zu erzielen.

### Terminalserverlizensierungsmanager

Der Terminalserverlizensierungsmanager wurde deutlich verbessert. Ziel war es, einen Terminalserverlizensierungsserver leichter aktivieren und einfacher Lizenzen zuweisen zu können.

### Richtlinie für eine Sitzung

Das Konfigurieren der Richtlinie für nur eine Sitzung erlaubt es Administratoren, einzelne Benutzer auf eine einzige Sitzung zu beschränken, unabhängig davon, ob diese Sitzung aktiv ist oder nicht und selbst über eine Serverfarm hinweg.

### Remotedesktop-Benutzergruppe

Anstelle Benutzer in eine Liste innerhalb der Terminaldienste-Verbindungkonsole (Terminal Services Connection Configuration, TSCC) einzutragen, können Sie diese nun einfach in die Gruppe der Remotedesktop-Benutzer (Remote Desktop Users, RDU) aufnehmen.

Dadurch kann der Administrator die Gruppe Jeder der Gruppe RDU hinzufügen, um damit jedem den Zugriff auf Terminal-Server zu erlauben. Durch das Nutzen einer richtigen NT-Gruppe in Verbindung mit Terminal-Server ist es auch möglich, Gruppenrichtlinien für die Kontrolle der Zugriffe innerhalb einer Gruppe von Terminal-Servern zu kontrollieren.

*Verschlüsselung*

Standardmäßig wird eine Verbindung mit einem Terminalserver über eine 128-Bit, bidirektionale RC4-Verschlüsselung gesichert. Voraussetzung ist, dass der Client 128-Bit-Verschlüsselung unterstützt. (RDC nutzt 128-Bit-Verschlüsselung standardmäßig). Es besteht jedoch die Möglichkeit, mit älteren Clients zu arbeiten, die eine geringere Verschlüsselungstiefe als 128-Bit nutzen. Dies gilt auch, obwohl die Spezifikation angibt, dass nur Clients mit dieser hohen Verschlüsselungstiefe zugelassen würden.

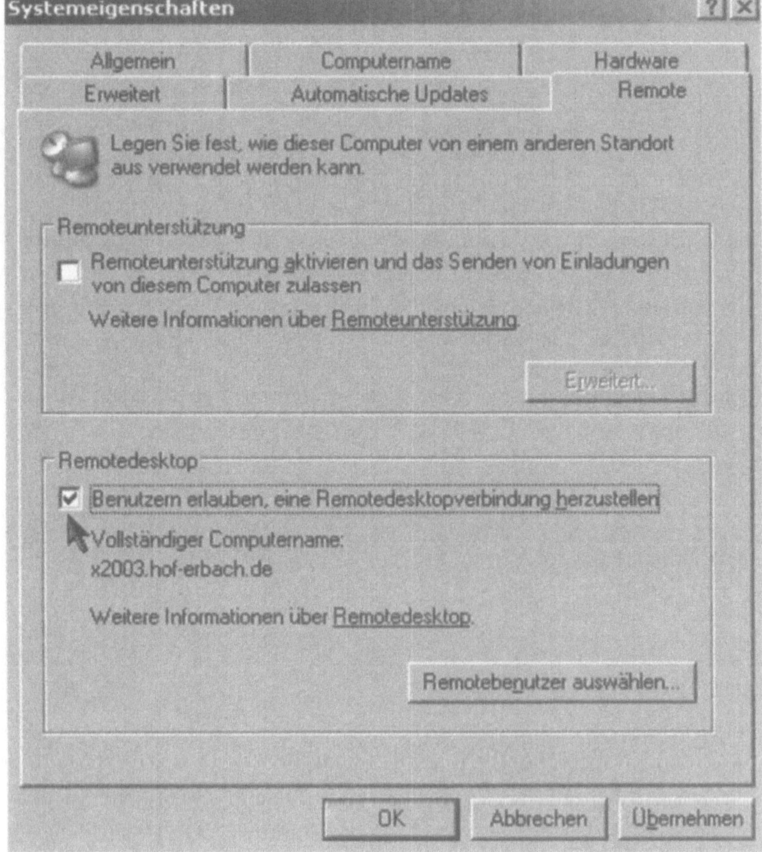

*Abb. 1.2: Aktivieren der Remotedesktopverbindung*

*Richtlinie zur Einschränkung von Software*

Die Softwareeinschränkungs-Richtlinie unter Windows Server 2003 erlaubt es Administratoren, die Einsatzmöglichkeiten von Terminal-Servern (bzw. von jedem anderen Windows Server 2003-basierenden Computer) zu beschränken, indem über Gruppenrichtlinien festgelegt wird, welche Programme durch spezielle Benutzer ausgeführt werden können.

# 2 Installation

Nachdem wir uns im vorhergehenden Kapitel mit der grundlegenden Theorie eines Terminalservers beschäftigt haben, gehen wir in diesem Kapitel auf die Installation ein. Ich beschreibe auf den nachfolgenden Seiten die Installation der Terminaldienste ohne Citrix. Die zusätzliche Installation von Citrix erfolgt weiter hinten in diesem Buch. Wenn Sie beabsichtigen, einen Terminalserver mit Citrix Metaframe zu installieren, sollten Sie die Citrix Software sofort nach der Installation des Betriebssystemes und vor den Anwendungen installieren.

## Ablauf der Installation

Um einen Terminalserver unter Windows 2000 oder Windows 2003 zu installieren, müssen Sie zunächst das Betriebssystem auf dem Server installieren. Sie können bereits während der Installation des Betriebssystems die Aktivierung der Terminalserverdienste mit auswählen. Wenn Sie die Terminaldienste unter Windows 2000 installieren, können Sie noch zwischen den Optionen `Anwendungsserver` und `Remoteverwaltungsmodus` auswählen.

Wenn Sie diese Option bei der Installation von Windows Server 2003 auswählen, erscheint keine Abfrage, da die Installation der Terminaldienste unter Windows 2003 immer den Anwendungsmodus installiert. Wie Sie den Remoteverwaltungsmodus installieren, haben Sie bereits im Kapitel 1 erfahren. Ich gehe auf den nachfolgenden Seiten von einer Installation auf einem Windows Server 2003 aus, da dieses Betriebssystem das aktuelle ist. Die Verwaltung auf Windows 2000 Servern ist grundsätzlich ähnlich, große Änderungen wurden nicht eingebaut. Nachdem Sie die Installation der Terminaldienste ausgewählt haben, müssen Sie noch auswählen, welche Sicherheitsstufe Sie für diesen Terminalserver festlegen. Ältere Anwendungen haben oft Schwierigkeiten mit den strengen Sicherheitseinstellungen von Windows 2000 oder Windows 2003. Sie sollten aber nur in begründeten Ausnahmefällen die unsichere Variante wählen.

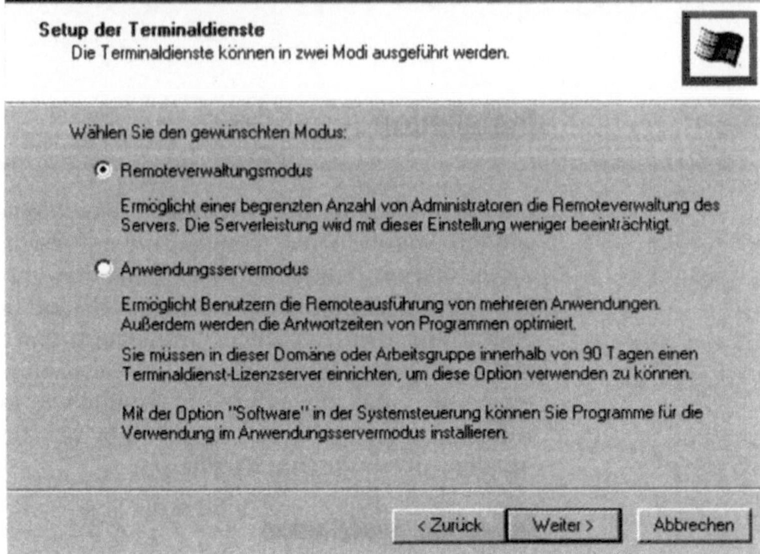

*Abb. 2.1: Installation der Terminaldienste unter Windows 2000*

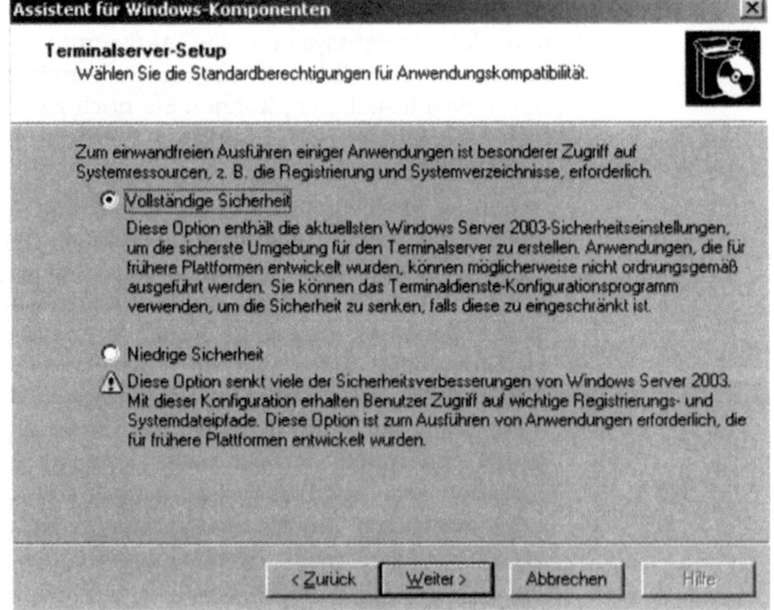

*Abb. 2.2: Einstellung der Sicherheitseinstellung*

Nachdem Sie Ihre Wahl getroffen haben, werden die Terminaldienste installiert. Nach der erfolgreichen Installation müssen Sie den Server neu starten und die Terminaldienste stehen Ihnen zur Verfügung.

### Anwendungsservermodus

Wenn Sie den Server in diesem Modus installieren, müssen Sie sicherstellen, dass Sie zusätzlich auf einem Server in Ihrem Netzwerk die Terminalserverlizenzierung installieren. Die Terminalserverlizenzierung kann, wie der Terminaldienst auch, aus der Systemsteuerung installiert werden. Wenn sich der Terminalserver in einem Windows 2000 oder 2003 Active Directory befindet, müssen Sie die Terminalserverlizenzierung auf einem Domänencontroller installieren. Wenn der Server in einer Arbeitsgruppe oder einer NT-Domäne steht, können Sie die Lizenzierung auf einem beliebigen Server installieren.

Sie haben grundsätzlich freie Auswahl, wo der Lizenzierungsserver installiert wird, technisch können Sie den Lizenzierungsdienst auch auf einem anderen Server als dem Domänencontroller installieren. In einem solchen Fall müssen Sie einen Registrykey auf dem Terminal-Server setzen. Mehr zu der Terminallizenzierung erfahren Sie weiter hinten in diesem Buch.

*Hinweis*

Die Terminaldienste laufen unter Windows 2000 90 Tage, ohne dass ein Lizenzierungsserver im Netzwerk zur Verfügung steht.

Unter Windows 2003 haben Sie 120 Tage Zeit, bevor Sie den Lizenzierungsdienst auf einem Server installieren und aktivieren müssen.

### Remoteverwaltungsmodus

Wenn Sie diesen Dienst installieren, benötigen Sie keinerlei Lizenzierung. Auch der Lizenzierungsdienst wird nicht benötigt.

Mit dem Remoteverwaltungsmodus können bis zu 2 Administratoren gleichzeitig Benutzersitzungen mit einem Server aufbauen.

Verwechseln Sie diese Remoteverwaltung allerdings nicht mit Programmen wie PC Anywhere, VNC oder Dameware. Diese Programme erstellen keine eigenständige Session, sondern verbinden den Benutzer direkt mit dem Desktop der Maschine.

Wenn ein Benutzer bei dieser Maschine auf den Bildschirm schaut, kann er alle Eingaben des Administrators sehen.

Die Remoteverwaltung mit den Terminaldiensten ist zum einen deutlich schneller als herkömmliche Verwaltungstools, verbindet den Administrator allerdings nicht mit dem Desktop, sondern macht eine tatsächliche unabhängige Sitzung auf. Wenn sich ein Administrator mit einer Terminaldienste-Sitzung remote auf einen Server schaltet, kann man auf dem Bildschirm des Rechners keinerlei Eingaben erkennen. Eventuelle Fehlermeldungen, die also auf dem Bildschirm stehen, werden in der Terminaldienste-Sitzung nicht angezeigt. Auch Programme sollten nicht mit einer solchen Sitzung installiert werden, sondern eher direkt auf dem Server oder mit VNC und Co.

## Nacharbeiten zur Installation

Nachdem Sie die Terminaldienste installiert haben, sollten Sie noch einige Nacharbeiten durchführen, damit der Server stabil und performant läuft.

### Auslagerungsdatei optimieren

Zunächst sollten Sie die Auslagerungsdatei auf eine andere physikalische Festplatte des Servers legen, damit Schreibzugriffe auf die Auslagerungsdatei nicht von Schreibzugriffen auf der Festplatte ausgebremst werden. Wenn keine zweite physikalische Festplatte zur Verfügung steht, macht ein Verschieben keinen Sinn, da die Auslagerung auf eine Partition, die auf derselben Platte liegt, keine positiven Auswirkungen hat.

*Hinweis*

> Zusätzlich sollten Sie noch die Größe der Auslagerungsdatei fest auf die 2.5-fache des tatsächlichen Arbeitsspeichers legen, damit die Fragmentierung der Datei minimiert wird.
>
> Die Auslagerungsdatei darf eine maximale Größe von 4095 MB haben.

### Systemleistung optimieren

Normalerweise ist ein Windows Server darauf optimiert, Hintergrunddienste zu beschleunigen. Wenn Sie auf einem Server die Terminaldienste installieren, sollten Sie hier die Optimierung auf Anwendungen abändern, damit Benutzer möglichst performant arbeiten können.

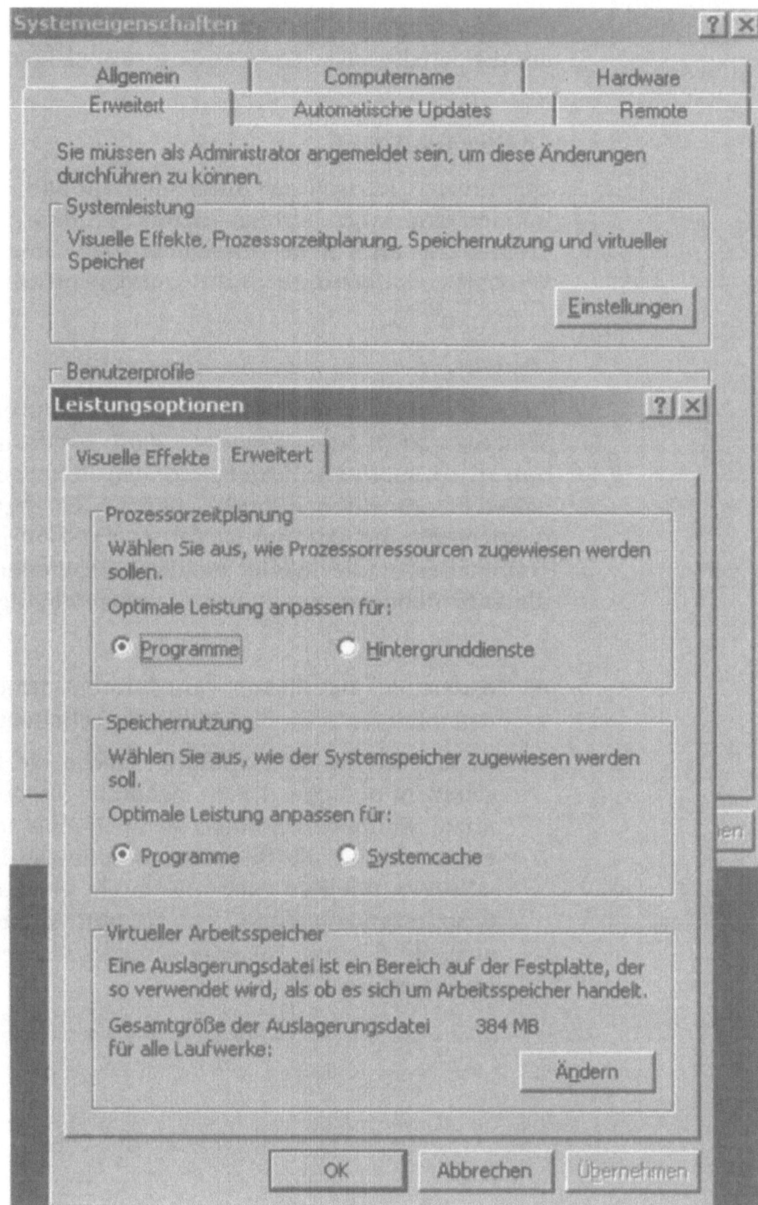

*Abb. 2.3: Optimieren der Systemleistung*

Diese Einstellung, sowie die Konfiguration der Auslagerungsdatei finden Sie in den Eigenschaften des Arbeitsplatzes auf der Registerkarte Erweitert, wenn Sie im Bereich Systemleistung auf die Schaltfläche Einstellungen klicken.

### *Treiberinstallation*

Überprüfen Sie nach der Installation auf alle Fälle ob alle Geräte im Gerätemanager korrekt erkannt worden sind. Vor allem der Treiber der Grafikkarte ermöglicht den Benutzern die Wahl der Farbtiefe, mit denen die Sitzung aufgebaut wird.

### *Aktivierung der Anmeldung für Benutzer*

Standardmäßig dürfen sich normale Benutzer nicht an einem Windows 2000 oder Windows 2003 Server anmelden, sondern nur Administratoren. Damit sich auch Benutzer an einem Terminalserver anmelden können, müssen Sie entweder eine Gruppenrichtlinie für die Terminalserver erstellen oder bei nur einem Terminalserver die lokale Richtlinie bearbeiten. Um die Anmeldung für Benutzer zu aktivieren, gehen Sie folgendermaßen vor:

▶ Starten Sie mit Start/Ausführen/gpedit.msc die Management-Konsole für die lokale Sicherheitsrichtlinie.

▶ Navigieren Sie zur Richtlinie, welche die lokale Anmeldung steuert und fügen dieser Richtlinie die gewünschte Gruppe hinzu. Wahlweise können Sie auch eine neue Gruppe erstellen, in der Sie alle Benutzer aufnehmen, die mit dem Terminalserver arbeiten sollen. Dadurch erhalten Sie eine weitere Sicherheitsmaßnahme. Sie können jedoch ohne weiteres auch die Gruppe Domänen-Benutzer mit aufnehmen (siehe Abbildung 2.4).

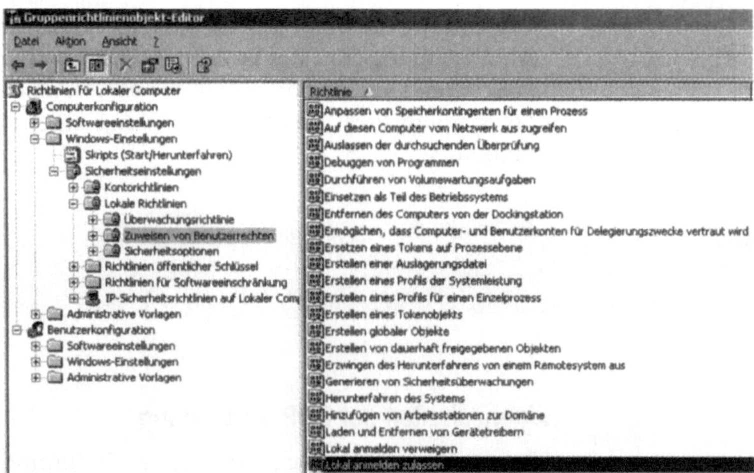

Abb. 2.4: Aktivieren der lokalen Anmeldung für Benutzer

## Verwaltung

Nachdem Sie alle notwendigen Einstellungen vorgenommen haben, können Sie mit den installierten Verwaltungsprogrammen für die Terminaldienste verschiedene Einstellungen der Konfiguration verwalten. Sie finden diese Programme in der Verwaltungs-Programmgruppe im Startmenü.

## Terminaldienstekonfiguration

Mit diesem Konfigurationsprogramm werden die meisten Einstellungen bezüglich der RDP-Verbindungen eingestellt.

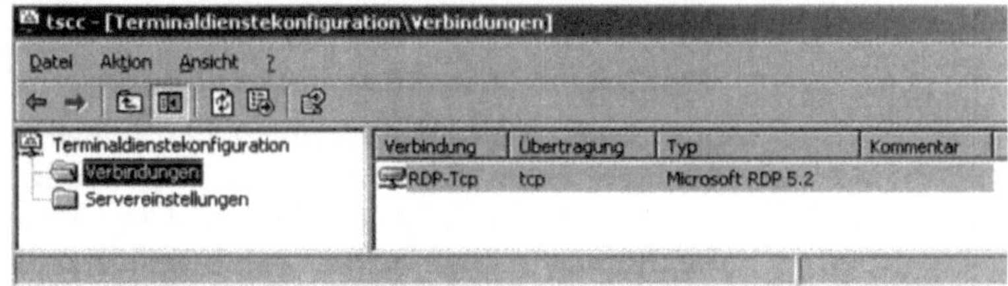

*Abb. 2.5: Terminaldienstekonfiguration*

In diesem Programm stehen Ihnen zunächst zwei Menüs zur Verfügung. Im Menü Verbindungen werden die Eigenschaften des RDP-Protokolls eingestellt. Wenn Sie die Eigenschaften der RDP-

Verbindung öffnen, stehen Ihnen verschiedene Registerkarten zur Verfügung, mit denen Sie das RDP-Protokoll an Ihre Bedürfnisse anpassen können. Sie können ebenfalls neue Verbindungen erstellen und für jede Verbindung eigene Einstellungen vornehmen.

*Hinweis*

> Sie können für jede Netzwerkkarte in Ihrem Server eine eigene Verbindung erstellen, aber nicht für eine Netzwerkkarte mehrere verschiedene Verbindungen.

## Eigenschaften der RDP-Verbindung

Wenn Sie die Eigenschaften der RDP-Verbindung aufrufen, stehen Ihnen verschiedene Registerkarten zur Verfügung.

### Registerkarte Allgemein

Auf dieser Registerkarte legen Sie die Verschlüsselungsstufe fest, mit denen Clients über diese RDP-Verbindung Sitzungen aufbauen. Beachten Sie aber, dass die Geschwindigkeit der einzelnen Sitzungen abnimmt, je höher Sie die Verschlüsselung einstellen.

Ihnen steht unter Windows 2003 eine zusätzliche Verschlüsselungsstufe zur Verfügung. In Windows 2003 werden zusätzlich zu der normalen Verschlüsselung auch der FIPS-Standard unterstützt. Diese Stufe verschlüsselt Daten, die vom Client an den Server und vom Server an den Client gesendet werden, über den Federal Information Processing Standard (FIPS). Mit welcher Tiefe die einzelnen Verschlüsselungsstufen arbeiten, bekommen Sie bei Auswahl der Stufe angezeigt.

### Registerkarte Anmeldeeinstellungen

Auf dieser Registerkarte können Sie festlegen, dass alle Benutzer, die über diese RDP-Verbindung eine Sitzung aufbauen, mit dem gleichen Benutzer angemeldet werden. Wahlweise können Sie das Kennwort leer lassen, damit Benutzer das Kennwort eingeben müssen. Eine solche Konfiguration wäre zum Beispiel für ein Internetcafé oder einen Informationsschalter sinnvoll.

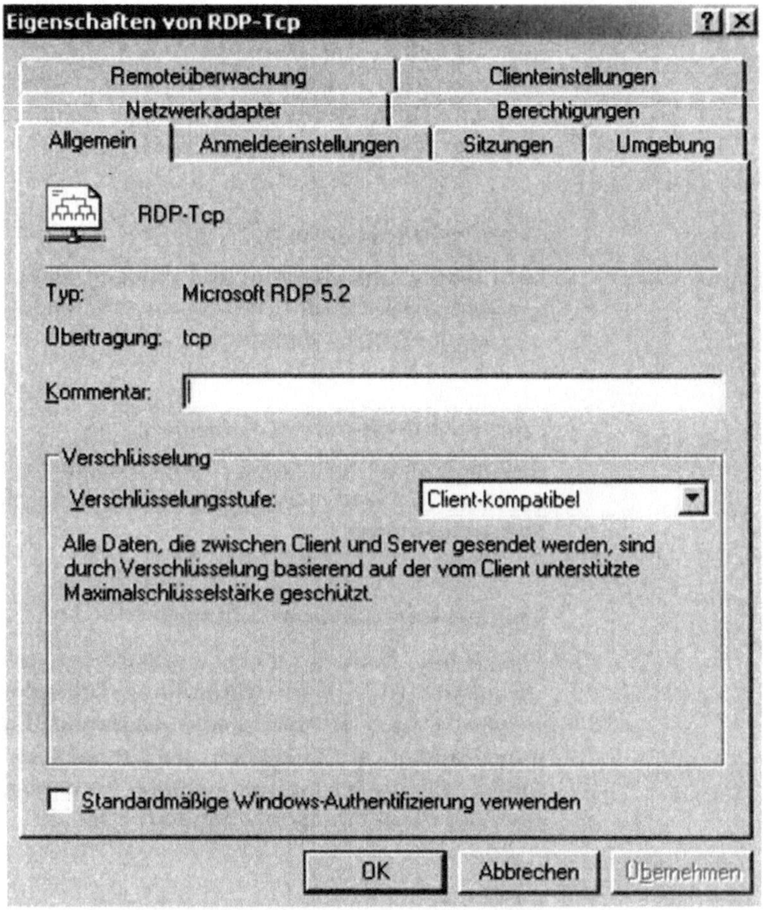

*Abb. 2.6 Registerkarte Allgemein der RDP-Verbindung*

**Registerkarte Sitzungen**

Benutzersitzungen können verschiedene Zustände haben:

► *Aktiv.* Der Benutzer ist mit der Sitzung verbunden und arbeitet.

► *Leerlauf.* Der Benutzer ist verbunden, es findet zwischen Server und Client allerdings kein Datenverkehr statt.

► *Getrennt.* Der Benutzer hat seinen Client von der Sitzung getrennt, sich aber nicht abgemeldet.

► *Zurückgesetzt.* Die Sitzung ist nicht mehr vorhanden.

Auf dieser Registerkarte stellen Sie ein, wie sich die Sitzungen der Benutzer verhalten sollen. Sie können einstellen, dass eine Sitzung nach bestimmter Zeit getrennt wird, oder getrennte Sitzungen zurückgesetzt werden. Sie definieren hier Grenzwerte, wie mit Sitzungen verfahren wird.

### Registerkarte Umgebung

Auf dieser Karte können Sie festlegen, dass automatisch ein Programm gestartet wird, wenn sich ein Benutzer auf den Terminalserver über RDP verbindet.

### Registerkarte Netzwerkadapter

Hier legen Sie fest, welcher Netzwerkkarte diese Verbindung zugeordnet ist und wie viele Verbindungen gleichzeitig aufgebaut werden können.

### Registerkarte Berechtigungen

Auf dieser Karte können Sie Berechtigungen vergeben, die für Sitzungen über diese Verbindung Gültigkeit haben. Normalerweise werden Sie hier keine Änderungen vornehmen müssen. Hier können Sie einstellen, welche Benutzer auf die Sitzungen anderer Benutzer Einfluss nehmen können, diese also zurücksetzen oder Einstellungen verändern können.

### Registerkarte Remoteüberwachung

Diese Registerkarte steuert den Zugriff anderer Benutzer auf einzelne Sitzungen. Mit den Terminaldiensten haben Sie die Möglichkeit, sich auf die Sitzung anderer zu *spiegeln*. So können mehrere Benutzer sich mit der gleichen Sitzung verbinden und Support-Mitarbeiter schnell bei Problemen helfen. Wie Sie diese Remoteüberwachung starten, erfahren Sie weiter hinten.

### Registerkarte Clienteinstellungen

Auf dieser Registerkarte stellen Sie verschiedene Verbindungsoptionen Ihrer Benutzer ein. Sie können festlegen, dass zum Beispiel die Zwischenablage oder Audio von Client zum Server und andersherum zur Verfügung gestellt wird.

## Servereinstellungen

Außer den Eigenschaften für verschiedene RDP-Verbindungen können Sie im Dienst-Programm Terminaldienstekonfiguration auch verschiedene Servereinstellungen im Menü einstellen.

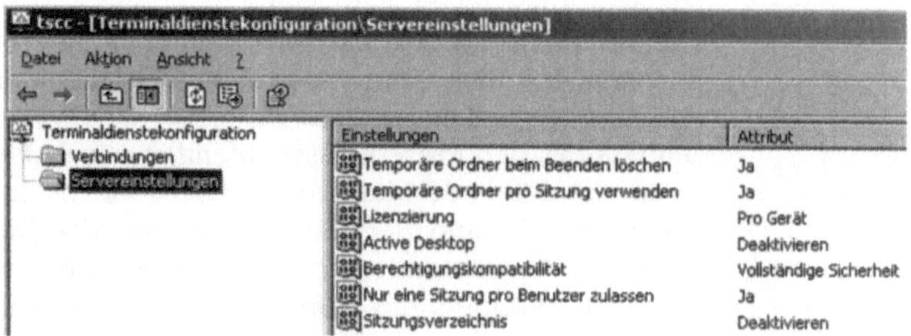

*Abb. 2.7: Servereinstellungen*

Sie können festlegen, ob für jede Anmeldung temporäre Ordner erstellt werden sollen und diese nach der Abmeldung des Benutzers wieder gelöscht werden. In diesem Menü können Sie die Sicherheitseinstellungen nachträglich abändern, die Sie bei der Installation der Terminaldienste festgelegt haben.

Neu ist unter Windows 2003 die Möglichkeit, die Lizenzierung abzuändern. Microsoft hat unter Windows 2003 eine neue Lizenzierung eingeführt, die Benutzerlizenzierung (User-CALs).

Eine Device-CAL erlaubt einer beliebigen Anzahl von Benutzern den Zugriff auf die lizenzierte Serversoftware von einem bestimmten Gerät.

Eine User-CAL erlaubt einem bestimmten Benutzer den Zugriff auf die lizenzierte Serversoftware von einer beliebigen Anzahl von Geräten. Eine User-CAL sichert einem bestimmten Benutzer also den Zugriff auf die Serversoftware über die PCs und Laptops im Büro, aber auch über PCs zu Hause, PDAs, in Internet-Cafés und mit anderen Geräten. Die Device-CAL wäre sinnvoll für mehrere Benutzer, die von einem gemeinsam genutzten Gerät auf die Serversoftware zugreifen.

Ein Device ist ein elektronisches Gerät, dass auf die Serversoftware oder eine ihrer Komponenten zugreift oder diese nutzt. Dazu zählen beispielsweise PCs und Laptops im Büro, PCs zu Hause, PDAs und Mobiltelefone. Ein Benutzer ist eine einzelne Person, die auf die Serversoftware oder eine ihrer Komponenten zugreift oder diese nutzt. Dazu zählen beispielsweise Mitarbeiter, unabhängige Vertragsnehmer, Vertreter, Lieferanten, Service

Provider und deren Endkunden. Die Anforderungen der User-CAL sind mit den Anforderungen der Device-CAL identisch. Eine CAL wird benötigt, wenn ein Gerät oder ein Benutzer auf die Serversoftware zugreift.

Für Windows Server wird keine Windows CAL benötigt, wenn ein nicht authentifiziertes Gerät oder ein nicht authentifizierter Benutzer über das Internet auf einen Server zugreift. Der Kunde benötigt beispielsweise keine Microsoft Windows Server CALs für Geräte oder Benutzer, die eine öffentliche Website besuchen. Bei jedem Produkt oder Serverdienst (z.B. Microsoft Windows Terminal Server) kann der Kunde zwischen der Device CAL oder der User CAL wählen (sofern beide angeboten werden). Anstelle von CALs können die Kunden auch die External Connector-Lizenz erwerben, um Geschäftspartnern oder Endkunden den Zugriff auf die lizenzierte Serversoftware zu ermöglichen.

Neu ist unter Windows 2003 außerdem, dass Sie einen Terminal-server so konfigurieren können, dass sich jeder Benutzer nur einmal am System anmelden kann. Dadurch können Sie System-ressourcen einsparen.

*Hinweis*

Unter Windows 2000 können Sie in diesem Fenster auch den Modus des Terminalservers verändern.

Unter Windows 2003 werden die Terminaldienste immer im Anwendungsserver-Modus installiert, die Remoteverwaltung ist ein getrennter Prozess, wie Sie bereits im Kapitel 1 erfahren haben.

## Terminaldiensteverwaltung

Ein weiteres Programm zum Verwalten Ihres Terminalservers ist die Terminaldiensteverwaltung. Diese finden Sie im gleichen Menü wie bereits die Terminaldienstekonfiguration.

Mit Hilfe dieses Programmes können Sie in Echtzeit sehen, welche Benutzer mit einem Server verbunden sind und verschiedene Einstellungen vornehmen. Außerdem können Sie hier die bereits beschriebene Remoteüberwachung eines Benutzers durchführen. In diesem Programm können Sie außerdem Benutzersitzungen trennen und getrennte zurücksetzen.

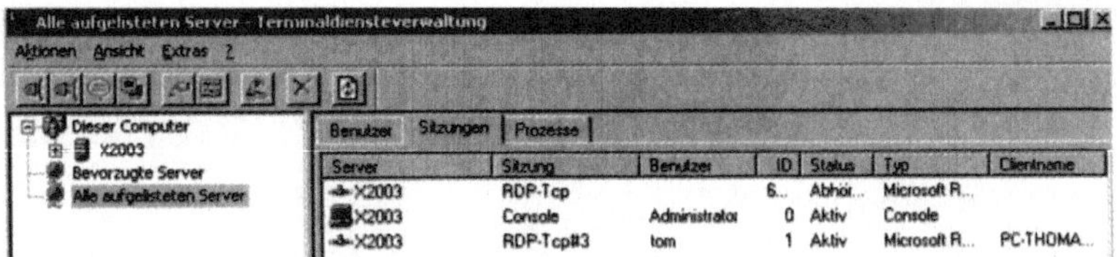

*Abb. 2.8: Terminaldiensteverwaltung*

In diesem Programm nehmen Sie keine Konfigurationen vor, sondern können beliebige Terminalserver verwalten, zu denen Sie Verbindung aufbauen können und entsprechende Berechtigungen verfügen. Sie können hier genau sehen, welche Prozesse von welchem Benutzer ausgeführt werden und einzelne Prozesse, sogar ganze Sitzungen trennen.

### Spiegelung – Remoteüberwachung

Wie bereits weiter vorne erwähnt, haben Administratoren oder Benutzer mit den entsprechenden Rechten die Möglichkeit, sich mit beliebigen Sitzungen anderer Benutzer zu verbinden. Diese Möglichkeit wird Remoteüberwachung bzw. Spiegeln genannt. Um eine Benutzersitzung zu spiegeln, klicken Sie diese mit der rechten Maustaste in der Terminaldiensteverwaltung an und wählen Remoteüberwachung. Anschließend können Sie eine Tastenkombination auswählen, mit der Sie die gespiegelte Sitzung wieder verlassen können. Standardmäßig dürfen bei einer gespiegelten Sitzung beide verbundenen Benutzer Maus- und Tastatureingaben vornehmen.

*Hinweis*

Spiegelungen können nur von Terminalserver-Sitzung zu TerminalsServer-Sitzung durchgeführt werden. Sie können keine Benutzer spiegeln, wenn Sie direkt an der Konsole arbeiten.

Wenn Sie einen verbundenen Benutzer mit der rechten Maustaste anklicken, können Sie darüber hinaus weitere Maßnahmen vornehmen. So können Sie Benutzersitzungen trennen, getrennte Sitzungen zurücksetzen, also komplett vom Server entfernen, eine Nachricht an den Benutzer schicken, oder getrennte Sitzungen neu mit dem Client-Gerät verbinden.

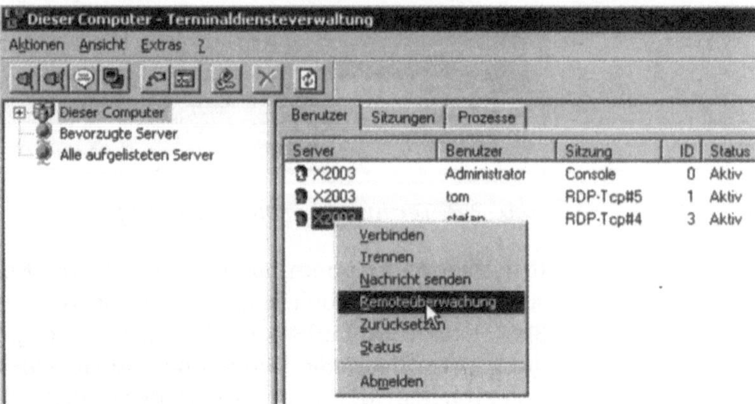

Abb. 2.9: Spiegeln einer anderen Sitzung

*Tipp*

In der Terminaldiensteverwaltung werden Ihnen auch alle getrennten Sitzungen angezeigt. Getrennte Sitzungen werden zwar nicht mehr von Benutzern verwendet, kosten aber dennoch eine Lizenz, da diese auf dem Server bis zur Zurücksetzung verfügbar gehalten wird.

Bei Windows 2000 Servern und auch bei Windows Servern 2003 können im Remoteverwaltungsmodus nur 2 Terminalsitzungen pro Server aufgebaut werden. Wenn ein Administrator seine Sitzung nur trennt und nicht beendet, darf sich nur ein weiterer Administrator verbinden. Gibt es auf einem solchen Terminalserver im Remoteverwaltungsmodus 2 solcher getrennter Sitzungen, können sich Administratoren nicht mehr verbinden.

Mit Hilfe der Terminaldiensteverwaltung können Sie auch von anderen Terminalservern solche Sitzungen von Servern entfernen, um sich neu zu verbinden.

## Terminalserverlizenzierung

Die Terminalserverlizenzierung ist ein eigenes Verwaltungsprogramm, mit dem Sie diese Lizenzierung verwalten können. Wie bereits erwähnt, sollte in einer Windows 2000 oder Windows 2003-Domäne dieser Dienst auf einem Domänencontroller installiert werden. Es gibt zwar auch Möglichkeiten, die Terminalserverlizenzierung auf einem Member-Server in einer Windows-Domäne zu installieren, dieser Vorgang wird allerdings von Microsoft nicht empfohlen. Unter Windows 2003 wurden diese Empfehlungen von Microsoft zwar wieder etwas gelockert, so dass für einen Windows 2003 Terminalserver in einem Windows 2003 Active Directory der Lizenz-Server auch auf einem Member-Server installiert werden kann, ich würde aber auch hier die Installation auf einem Domänencontroller vorziehen.

## Installation der Terminalserverlizenzierung

Die Terminalserverlizenzierung installieren Sie, wie die Terminaldienste auch, über die Systemsteuerung und dem Menü Software.

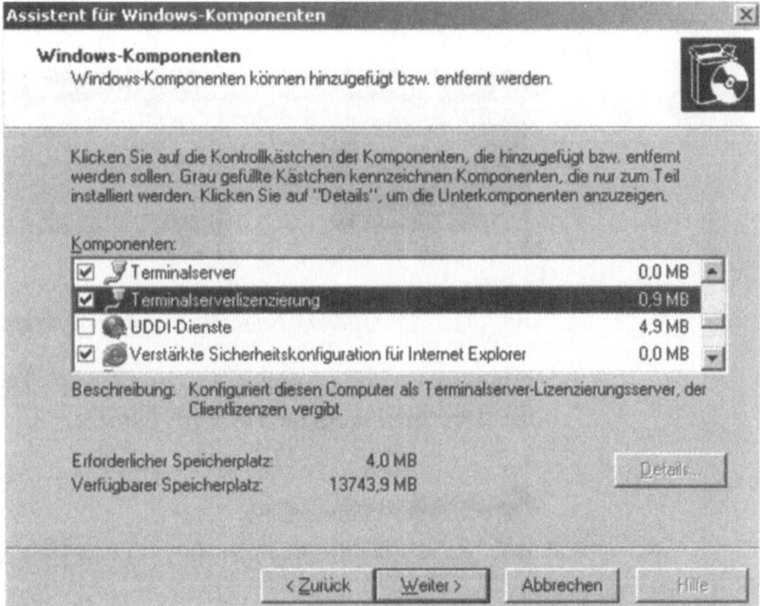


*Abb. 2.10: Installation der Terminalserverlizenzierung*

Nach der Auswahl der Installation werden Sie gefragt, ob dieser Lizenz-Server für die gesamte Organisation, also dem Active Directory, oder nur innerhalb der Domäne oder Arbeitsgruppe gültig ist. Wenn Sie den Lizenz-Server auf einem normalen Member- oder Standalone-Server installieren, steht Ihnen die Option `Ge samte Organisation` nicht zur Verfügung.

Wenn Sie die Option wählen, dass der Lizenzserver für die Arbeitsgruppe oder Domäne zuständig ist, können alle Terminalserver im gleichen Subnetz auf diesen Lizenzserver zugreifen, bei der Auswahl für die gesamte Organisation können alle Terminalserver im gleichen Standort (Site) auf diesen Lizenzserver zugreifen. Ein Domänen-Lizenz-Server hat für alle Terminalserver in der gleichen Windows-Domäne Gültigkeit.

Auf diesem Fenster legen Sie darüber hinaus fest, in welchem Verzeichnis die Datenbank der Terminalserverlizenzierung gespeichert werden soll. Im Normalfall sollten Sie den Standardpfad so belassen wie er ist. Nach der Fertigstellung der Installation können Sie das Programm zur Verwaltung der Terminalserverlizenzierung starten. Es werden daraufhin alle Lizenzierungsserver gefunden, auf die das Managementprogramm zugreifen kann.

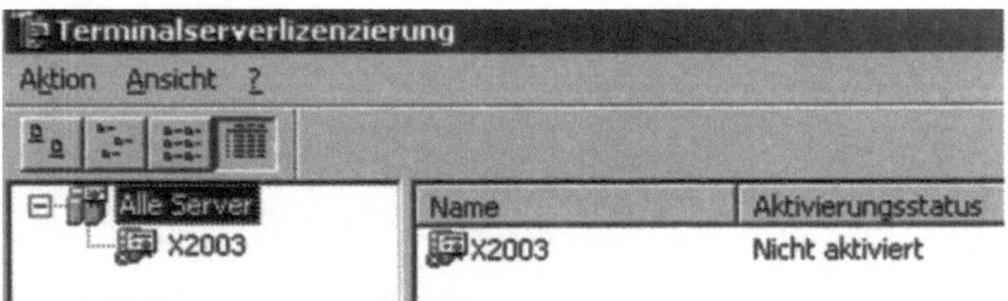


*Abb. 2.11: Installierte Terminalserverlizenzierung*

Zusätzlich wird auf dem Server ein neuer Dienst hinzugefügt, der die Terminalserverlizenzierung steuert.

Terminalserverlizenzierung

*Abb. 2.12: Systemdienst für die Terminalserverlizenzierung*

*Update von Windows 2000*

Wenn Sie einen Windows 2000-Lizenz-Server updaten, werden alle Daten und die Datenbank übernommen. Es haben daher auch die ausgestellten Lizenzen weiterhin Gültigkeit. Sie müssen den Lizenz-Server jedoch erneut aktivieren.

*Aktivierung der Terminalserverlizenzierung*

Nach der Installation des Lizenzierungsservers muss dieser noch telefonisch oder über das Internet aktiviert werden. Die Aktivierung ist kostenlos. Auch wenn Sie nur Windows 2000 oder Windows XP einsetzen, die eigentlich keine TS-CALs benötigen, wird ein aktivierter Terminalserverlizenzierungs-Server gebraucht.

*Hinweis*

Ein Terminalserver läuft 120 Tage, ohne dass er einen Terminalserverlizenzierungs-Server im Netzwerk findet. Unter Windows 2000 haben Sie nur 90 Tage Zeit dafür.

Nach der Installation eines Terminalserverlizenzierungs-Servers stehen Ihnen weitere 120 Tage unter Windows 2003 und 90 Tage unter Windows 2000 zur Verfügung um die Terminalserverlizenzierung zu aktivieren. Nach dieser Zeit stellt der Dienst seine Funktion ein.

Sie können die Terminalserverlizenzierung telefonisch oder über das Internet aktivieren. Ich persönlich bevorzuge wenn möglich die Aktivierung über das Internet, da dieser Weg deutlich schneller geht als telefonisch über das *Microsoft Clearinghouse*.

Um einen Server zu aktivieren, klicken Sie mit der rechten Maustaste auf den Server in der Verwaltungskonsole für die `Terminalserverlizenzierung` und wählen aus dem Menü `Server aktivieren` aus.

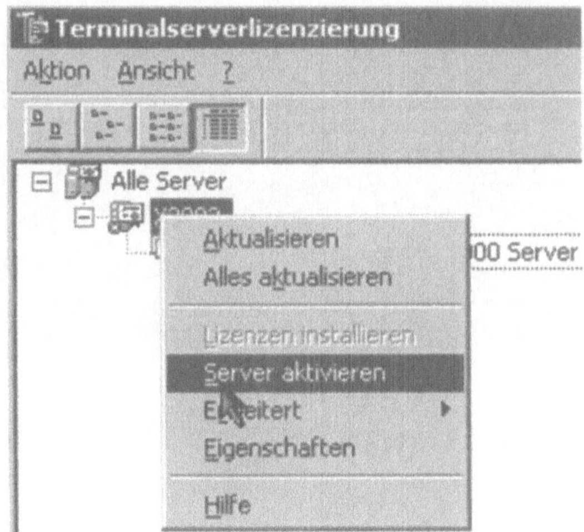


*Abb. 2.13: Aktivierung eines Terminalserverlizenzierungs-Servers*

Auf dem folgenden Fenster können Sie festlegen, welche Aktivierungsvariante Sie bevorzugen. Wählen Sie am besten die `automatische Verbindung` bzw. bei Windows 2000 die Variante `Internet`. Die Aktivierung über den `Webbrowser` oder bei Windows 2000 über die Option `WWW` dauert länger und ist umständlicher.

Als nächstes müssen Sie Ihre Daten eingeben und der Server wird anschließend aktiviert. Bei Windows 2000 erhalten Sie noch eine E-Mail mit einem Freischalt-Code. Wenn Sie diese Schritte erledigt haben, steht der Lizenzierungs-Server zur Verfügung.

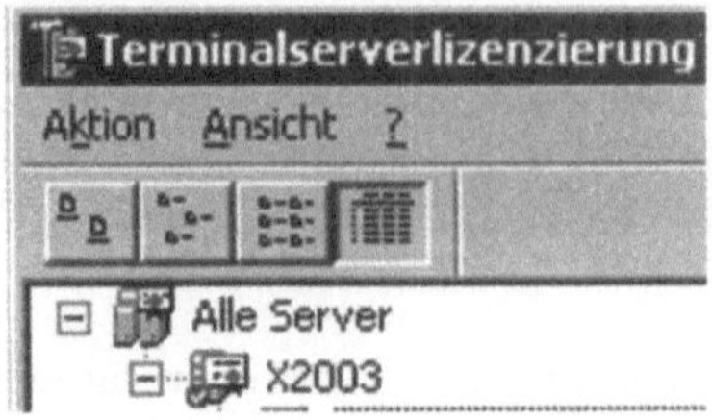

*Abb. 2.14: Aktivierter Terminalserverlizenzierungs-Server*

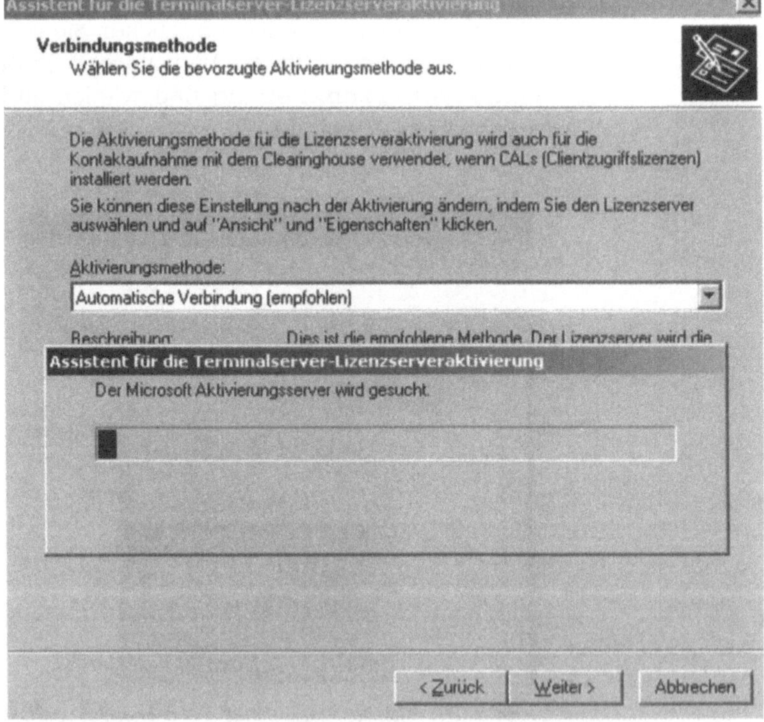

*Abb. 2.14: Aktivierung der Terminalserverlizenzierung*

An alle Clients werden unter Windows 2003 temporäre Lizenzen ausgestellt, die 120 Tag gültig sind. Unter Windows 2000 werden allen Windows 2000 und XP Professional-Rechnern permanente Lizenzen ausgestellt und an die übrigen Betriebssysteme temporäre. Sie müssen vor Ablauf der 120 Tage bei Windows 2003 und den 90 Tagen bei Windows 2000 Lizenzen einspielen. Sie können in dieser Management-Konsole feststellen, an welche Rechner welche Lizenzen ausgestellt worden sind.

*Hinweis*

Wenn Sie einen Terminallizenzierungs-Server unter Windows 2000 installieren, sollten Sie diesen unbedingt auf Servicepack 4 updaten. Die Terminallizenzierung unter Servicepack 4 hat noch mehr oder weniger fehlerhaft gearbeitet und es mussten verschiedene Patches eingespielt werden. Seit dem Servicepack 4 läuft die Lizenzierung eigentlich ganz rund.

### Überprüfung der Terminallizenzierung

Schlussendlich können Sie allerdings nur sicher sein, dass die Terminallizenzierung funktioniert, wenn Sie diese getestet haben. Dazu stehen Ihnen verschiedene Möglichkeiten zur Verfügung. Wenn sich ein Benutzer mit einem Terminalserver verbindet, überprüft der Terminalserver, ob der Client bereits über eine ausgestellte Lizenz verfügt. Hat der Client noch keine Lizenz, baut der Terminalserver Verbindung zum Lizenzierungsserver auf, ruft eine Lizenz ab und gibt diese an den Client weiter.

Zunächst sollten Sie sich mit einem Client mit dem Server verbinden und überprüfen, ob die Verbindung reibungslos funktioniert.

Im nächsten Schritt sollten Sie in der Ereignisanzeige überprüfen, ob der verbundene Client eine Lizenz ausgestellt bekommen hat oder ob der Server keine Lizenz ausstellen konnte. Wenn ein Terminalserver keine Lizenz ausstellen kann, schreibt er eine entsprechende Meldung in die Ereignisanzeige.

Überprüfen Sie in der Registry des Clients, ob dem Rechner eine Lizenz ausgestellt werden konnte. Sie finden die Lizenz in der Registry des Clientrechners unter

### HKLM\Software\Microsoft\MSLicensing

Unterhalb dieses Schlüssels wird die Lizenz gespeichert. Sie können diesen Schlüssel zu Testzwecken jederzeit löschen. Bei der nächsten Verbindung zum Terminalserver wird dieser neu erstellt.

*Abb. 2.15: Ausgestellte Terminalserverlizenz*

Bei Ihnen sollte dieser Registrykey ähnlich aussehen wie in Abbildung 2.15 zu sehen. Wenn der Terminalserver Probleme bei der Lizenzierung hat, wird dieser Schlüssel nicht erstellt.

Eine weitere Möglichkeit ist der License Server Viewer aus dem Windows 2000 oder Windows 2003 Ressource Kit. Mit diesem Programm können Sie feststellen, ob der Terminalserver eine Verbindung zu einem Lizenzierungsserver aufbauen kann.

*Abb. 2.16: Überprüfung des Lizenzservers*

*Abb. 2.17: Erfolgreicher Test eines Lizenzservers*

## Fehlerbehebung der Terminalserverlizenzierung

Zusätzlich können Sie in der Registry eines Terminalservers festlegen, ob der Terminalserver immer einen bestimmten Lizenzierungsserver abfragen soll. Dieser und ein anderer Punkt spielen bei der Fehlerbehebung der Terminalserverlizenzierung eine besondere Rolle.

## Festlegen eines bestimmten Terminallizenzierungsservers

Wenn Ihr Terminalserver Probleme hat einen Lizenzierungsserver zu finden, können Sie in der Registry des Servers Eintragungen vornehmen, um einen bestimmten Lizenzierungsserver für diesen Terminalserver festzulegen.

*Windows 2000 Terminalserver*

Navigieren Sie dazu auf dem Terminalserver zu folgendem Schlüssel:

**HKEY_LOCAL_MACHINE\SYSTEM\CurrentControlSet\ Services\ TermService\Parameters**

Erstellen Sie hier bei einem Windows 2000 Terminalserver einen neuen REG_SZ-Wert mit der Bezeichnung

**Default-License-Server**

Geben Sie diesem neuen Wert als Wert den Namen des Lizenzierungsservers oder dessen IP-Adresse mit.

*Windows 2003 Terminal Server*

Bei Windows Server 2003 wurden diese Einstellungen etwas abgeändert. Navigieren Sie dazu auf dem Terminalserver zu folgendem Schlüssel:

**HKEY_LOCAL_MACHINE\SYSTEM\CurrentControlSet\ Services\ TermService\Parameters**

Erstellen Sie unterhalb dieses Schlüssels einen weiteren Schlüssel mit der Bezeichnung

**License-Servers**

Navigieren Sie jetzt zu dem neu erstellten Schlüssel und erstellen unterhalb einen weiteren Schlüssel. Geben Sie als Bezeichnung für diesen Schlüssel den NetBios-Namen Ihres Lizenz-Servers ein.

Sie müssen den beiden Schlüsseln keine Werte hinzufügen.

*Verbindung zum Terminallizenzserver*

Ein Terminalserver überprüft zunächst in den beschriebenen Registry-Einstellungen, ob die definierten Lizenz-Server gefunden werden können. Sind diese nicht auffindbar, hängt es von der Installation des Lizenzservers ab, wie ein zuständiger Lizenz-Server gefunden wird:

> ▶ *Arbeitsgruppe oder Windows-Domäne ohne Active Directory.* Nach dem erfolglosen Verbindungsaufbau zu einem Lizenzserver, der in der Registry festgelegt wurde, schickt der Terminalserver ein Broadcast und versucht, einen Lizenzserver im gleichen Subnetz zu finden.

▶ *Active Directory.* Wenn der Terminalserver in einem Active Directory installiert ist, wird auch hier zunächst versucht einen Lizenz-Server zu finden, der in der Registry definiert ist. Wird kein Lizenzserver gefunden, baut der Terminalserver Verbindung zu einem Domänencontroller auf und versucht mit einer LDAP-Abfrage einen Lizenzserver zu finden. Zunächst werden alle Domänencontroller am selben Standort und dann in der gleichen Domäne abgefragt.

*Hinweis*

In einem Windows 2003 Active Directory mit Windows 2003 Terminalservern ist es jetzt auch möglich, den Terminallizenzserver auf einem Standalone-Server oder einem Memberserver zu installieren.

Wenn der Lizenzserver jedoch als Nicht-Domänen-Lizenzserver oder Arbeitsgruppen-Lizenzserver konfiguriert ist, müssen Sie auf jedem Terminalserver die vorne beschriebenen Registry-Keys setzen.

Lizenzserver, die in einem Active Directory für die gesamte Organisation zuständig sind, werden jedoch weiterhin automatisch gefunden.

Ein Terminalserver versucht jede Stunde erneut einen Lizenzserver zu finden, bis er einen gefunden hat. Nachdem ein Terminalserver einen Lizenzserver gefunden hat, schreibt er den Namen des Servers in seine Registry als Cache. Erst wenn alle Lizenzserver in diesem Cache nicht mehr gefunden werden können, versucht der Terminalserver erneut einen Lizenzserver zu finden.

Der Cache befindet sich in der Registry unter folgendem Schlüssel:

**HKLM\Software\Microsoft\MSLicensing\Parameters**

Abhängig vom installierten Lizenzserver werden die Server in unterschiedliche Werte gespeichert:

▶ *EnterpriseServerMulti.* Hier werden alle Lizenz-Server gespeichert, die für die gesamte Organisation gültig sind.

▶ *DomainLicenseServerMulti.* Hier werden alle Lizenzserver gespeichert, die für die Domäne zuständig sind.

*Tipp*



## Backup eines Lizenzservers

Sie sollten in regelmäßigen Abständen eine Sicherung des Lizenz-Servers durchführen, damit bei einem Serverausfall die Datenbank mit den ausgestellten Lizenzen möglichst nicht verloren geht. Um einen Lizenz-Server zu sichern, können Sie die Windows-Datensicherung verwenden. Sichern Sie mit dieser Datensicherung zum Einen das Verzeichnis der Datenbank und das Verzeichnis *Repair* im Windows-Verzeichnis, zum Anderen den Systemstatus von Windows. Den Pfad zur Datenbank legen Sie bei der Installation fest. Standardmäßig befindet sich der Pfad im Verzeichnis *\windows\system32\lserver*.

## Verschieben eines Terminallizenzservers

Sie können die Datenbank eines Lizenzservers bei einer notwendigen Wiederherstellung auf einen anderen Server verschieben. Gehen Sie dabei folgendermaßen vor:

1.  Installieren und aktivieren Sie zunächst den Lizenzserver auf dem neuen Rechner

2.  Installieren Sie alle Lizenzen exakt gleich auf dem neuen Server wie auf dem alten.

3.  Überprüfen Sie, ob der neue Lizenzserver von Ihren Terminalservern gefunden wird.

4. Beenden Sie den Systemdienst der Terminallizenzierung auf dem alten Server oder deinstallieren Sie die Lizenzierung für die Terminaldienste.

## Gruppenrichtlinien für Terminalserver

Zusätzlich können Sie die Arbeitsweise des Lizenzservers mit Gruppenrichtlinien steuern. Wenn Sie eine Gruppenrichtlinie aufrufen, finden Sie die Richtlinie für die Terminalserverlizenzierung unter dem Pfad

***Computer    Konfiguration\Administrative    Vorlagen    \ Terminaldienste \ Lizenzierung***

Hier können Sie verschiedene Einstellungen vornehmen. Hier können Sie zum Beispiel steuern, welche Terminalserver eine Lizenz durch den Lizenzserver erhalten sollen. Standardmäßig stellt ein Terminallizenzserver jedem Terminalserver eine Lizenz aus, der eine anfragt.

## Tools zur Verwaltung der Terminalserverlizenzierung

Zur Verwaltung Ihrer Terminallizenzierung stehen Ihnen verschiedene Tools zur Verfügung.

### *Terminalserverlizenzierungs-Tool*

Das wichtigste Tool zur Verwaltung Ihrer Terminalserverlizenzen ist das SnapIn zur Verwaltung Ihrer Lizenzserver. Sie finden dieses SnapIn in der Programmgruppe Verwaltung auf Ihrem Lizenzserver. Mit diesem SnapIn können Sie alle erreichbaren Terminallizenzserver verwalten.

Sie können Server aktivieren, Lizenzen installieren, ausgestellte Lizenzen überprüfen und widerrufen. Diese Tool baut Verbindung zur Datenbank auf und zeigt alle ausgestellten und noch verfügbaren Lizenzen an.

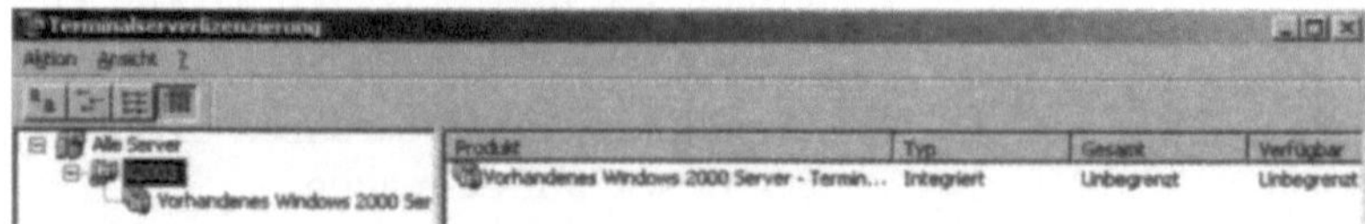

*Abb.: 2.18: SnapIn der Terminalserverlizenzierung*

*Terminal Server License Tool*

Das Terminal Server License Tool (*lsreport.exe*) ist Bestandteil des Windows 2000 und Windows 2003-Resource Kits. Mit diesem Tool können Sie die Lizenzdatenbank überprüfen und analysieren. Das Tool basiert auf der Kommandozeile und hat verschiedene Schalter, mit denen Sie arbeiten können.

- ▶ */f DATEINAME.* Mit diesem Schalter können Sie die Ausgabe von lsreport in eine Datei umleiten lassen.

- ▶ */D start {end}.* Dieser Schalter ruft nur Lizenzen, die innerhalb eines bestimmten Zeitraums ausgestellt wurden. Wenn Sie end weglassen, erfolgt die Ausgabe bis zum aktuellen Datum.

- ▶ */T.* Dieser Schalter erfasst nur ausgestellte temporäre Lizenzen.

- ▶ */W.* Dieser Schalter gibt die Hardware ID des Clients mit an. Diese Funktion steht ausschließlich nur Windows 2003 zur Verfügung

- ▶ *Serverlist.* Mit diesem Schalter können Sie angeben, welche Lizenzserver abgefragt werden. Standardmäßig werden alle erreichbaren Server abgefragt.

*Terminal Server Client License Test Tool*

Mit diesem Tool können Sie detailliertere Informationen des Lizenz-Token auf einem Client abfragen.

## Tools

Es gibt zahlreiche Kommandozeilen-Programme, die Sie für die Arbeit mit einem Terminalserver verwenden können. Dazu werden einige mit dem Resource Kit ausgeliefert, andere sind bereits Bestandteil von Windows 2000 oder Windows 2003. Ich gehe auf den nachfolgenden Seiten auf die einzelnen Tools genauer ein. Zusätzlich zu den wichtigen und bekannten Tools gibt es einige, die zwar ganz nützlich sind, aber dennoch nicht dauernd verwendet werden.

- ▶ Appsec: Schränkt die Ausführungsrechte nichtadministrativer Benutzer auf eine begrenzte Gruppe von autorisierten Programmen ein.

- ▶ Drive Share: Wird für Freigaben und Verbindungen zu lokalen Laufwerken während der Initialisierung einer Terminaldienste-Clientsitzung verwendet.

- ▶ File Copy: Ermöglicht das Kopieren/Einfügen von Dateien zwischen einer Terminaldienste-Clientsitzung und einem lokalen Desktop.

- ▶ Roboclient: Ein Dienstprogramm, mit dem Terminaldienstkapazitäten geplant werden können.

- ▶ Simclient: Ein Dienstprogramm, mit dem Terminaldienstkapazitäten geplant werden können.

- ▶ Tsreg: Ein graphisches Dienstprogramm, mit dessen Hilfe Einstellungen in der Registrierung des Clients hinsichtlich des Zwischenspeicherns von Bitmaps, Glyphen, etc. geändert werden können.

- ▶ Tsver: Lässt Client-Verbindungen je nach Version des Clients zu oder nicht.

- ▶ Winsta: Überwacht Terminaldienste-Clientsitzungen.


### CHANGE LOGON

Mit diesem Kommandozeilen-Programm können Sie die Anmeldung auf einem Terminalserver aktivieren oder deaktivieren. Ihnen stehen dazu 3 verschiedene Schalter zur Verfügung:

- ▶ *change logon / enable.* Aktiviert die Anmeldung auf einem Terminalserver.

- ▶ *change logon / disable.* Deaktiviert die Anmeldung.

- ▶ *change logon / query.* Mit dieser Abfrage können Sie den aktuellen Status der Anmeldung abfragen.

*CHANGE USER*

Dieses Tool dient dazu, den Terminalserver für die Installation von Software vorzubereiten.

*Hinweis*

Wenn Sie Software auf einem Terminalserver installieren, sollten Sie immer über das Menü Software in der Systemsteuerung gehen, da nur dadurch der Terminalserver für die Installation der Software vorbereitet wird. Bei den aktuellen Programmen müssen Sie ansonsten nichts mehr beachten, die Skriptbastelei der alten Versionen wird in der Praxis kaum mehr verwendet. Ich gehe daher in diesem Buch nicht speziell auf die veralteten Methoden ein, Software auf einem Terminalserver zu installieren.

Wenn Sie auf einem Terminalserver Office 97 installieren wollen, sollten Sie zuvor in der Microsoft Knowledgebase

```
http://support.microsoft.com
```

den Artikel Q210213 lesen, bei Office 2000 den Artikel Q224313

Bei der Installation von Office XP oder Office 2003 müssen Sie nichts beachten, da bei diesen beiden Produktschienen bereits die Unterstützung für die Terminaldienste mit eingebaut wurde.

Anstatt über die Systemsteuerung Software zu installieren, können Sie auch mit dem Befehl CHANGE USER in der Kommandozeile arbeiten.

Auch für den Befehl CHANGE USER gibt es Schalter mit denen Sie arbeiten können:

▶ CHANGE USER / INSTALL. Mit diesem Schalter wird der Terminalserver in den Installationsmodus versetzt. Sie können diesen Befehl eingeben und danach die Software wie auf jedem anderen PC installieren.

▶ CHANGE USER /EXECUTE. Mit diesem Schalter wird der Terminalserver wieder in den Ausführungsmodus gesetzt. Sie sollten CHANGE USER mit diesem Schalter nach der Installation durchführen. Wenn Sie den Terminalserver durchstarten, befindet es sich immer im ausführenden Modus, auch wenn der heruntergefahren wurde, wenn zuvor der Schalter /INSTALL ausgeführt wurde.

> ► CHANGE USER /QUERY. Gibt den aktuellen Status des Servers wieder.

### QUERY

Mit diesem Befehl können Sie verschiedene Abfragen in der Kommandozeile starten, um sich einen Überblick zu verschaffen, welche Prozesse zur Zeit laufen und welche Benutzer angemeldet sind.

### RESET

Mit diesem Befehl können Sie Sitzungen an Hand Ihrer ID auf dem Terminalserver zurücksetzen.

### TSPROF

Mit diesem Befehl können Sie Benutzerprofile kopieren oder aktualisieren.

### TSCON und TSDISCON

Mit diesen beiden Befehlen können Sie Terminalsitzungen verbinden oder abmelden.

### TSKILL

Mit diesem Befehl können sie einzelne Prozesse auf einem Terminalserver beenden.

### TSSHUTDN

Mit diesem Befehl wird der lokale Terminalserver heruntergefahren und die Benutzer benachrichtigt.

# Remotedesktopverbindung (RDC) – Client

Eine wesentliche Neuerung in Windows XP und Windows Server 2003 ist der neue Client, mit dem Sie Verbindung zu einem Terminal-Server aufbauen können. Dieser Client hat die Bezeichnung Remotedesktopverbindung (eng.: Remote Desktop Connection).

Unter Windows 2000 und anderen Betriebssystemen muss der Client für den Zugriff noch extra installiert werden. Der Client befindet sich auf jedem Windows 2000 Server mit aktivierten Terminaldiensten im Verzeichnis

**\winnt\system32\clients.**

Dieser Client muss zunächst auf einem Rechner installiert werden, bevor mit diesem PC Verbindung zu einem Terminal-Server aufgebaut werden kann. In Windows XP und Windows Server 2003 wird der Client bereits mit ausgeliefert, den Sie zum Verbindungsaufbau zu einem Terminal-Server benötigen. Mit diesem Client können Sie sowohl Verbindung zu einem Windows 2003 Terminalserver, also auch zu Windows 2000 oder sogar Windows NT 4-Terminalserver aufbauen. Sie finden den Client in Ihrem Startmenü unter

`Zubehör/Kommunikation/Remotedesktopverbindung.`

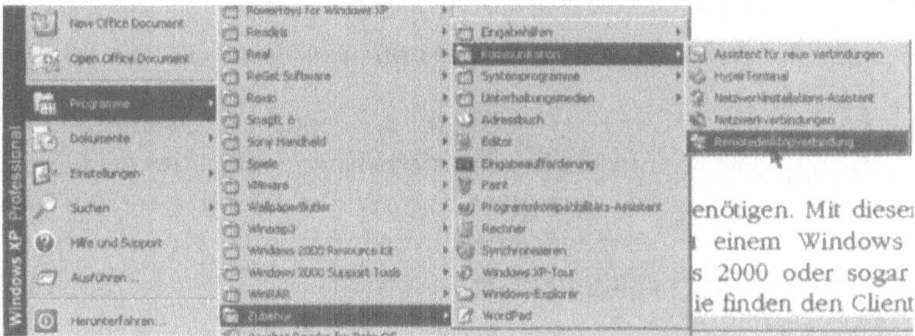

*Abb. 2.19: Remotedesktopverbindung unter Windows XP*

Nach dem Start dieses Clients können Sie Verbindung zu jedem Terminalserver aufbauen, den Sie erreichen können.

Die Remotedesktopverbindung läuft auch unter Windows 2000 oder Windows NT 4 Workstation und ist ein deutlich besserer Terminaldienste-Client, als der bei Windows 2000 mitgelieferte. Damit Sie mit der Remotedesktopverbindung unter Windows 2000 oder NT arbeiten können, müssen Sie lediglich die beiden Dateien

`Mstsc.exe`

und

`Mstscax.dll`

auf den Zielrechner kopieren. Mit Doppelklick auf die Datei `mstsc.exe` oder einer Verknüpfung können Sie jetzt bequem auch unter Windows 2000 mit einem Terminalserver arbeiten.

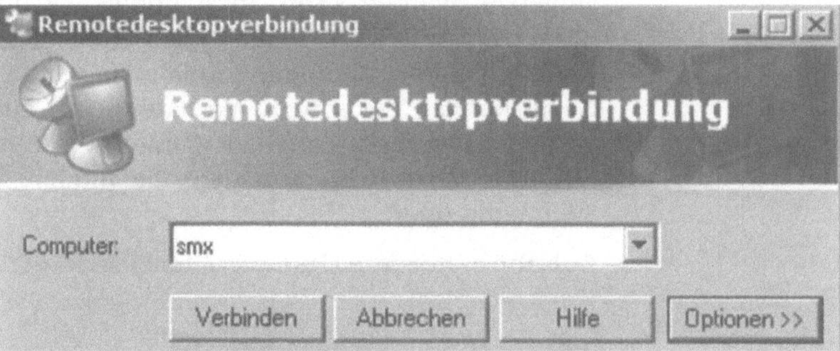


*Abb. 2.20: Verbindungsaufbau mit der Remotedesktopverbindung*

Mit der Schaltfläche Optionen können Sie weitere spezifische Einstellungen vornehmen. Alle Funktionen, die unter dem Verbindungsmanager des Windows 2000-Terminaldienste-Clients vorgenommen wurden, sind jetzt in die Remotedesktopverbindung integriert worden.

*Wechsel zwischen einer Remote-Sitzung und dem Desktop*

Standardmäßig öffnet sich die Remote-Sitzung im Vollbildmodus und unter Verwendung von High-Color. Die Verbindungsleiste am oberen Rand des Vollbilds der RDC-Sitzung erlaubt es, einfach zwischen der Remote-Sitzung und dem lokalen Desktop zu wechseln.

*Anpassen der Remoteverbindung*

Wenn Sie die verschiedenen Optionen für die Konfiguration der Remoteverbindung ändern wollen, so steht Ihnen ein Eigenschaftenregister zur Verfügung, das Registerkarten für folgende Einstellungen anbietet: `Allgemein`, `Anzeige`, `Lokale Ressourcen`, `Programme` und `Erweitert`. Dabei kann `Programme` dazu genutzt werden, um bestimmte Programme beim Herstellen einer Verbindung zu starten, unter `Erweitert` kann eine Reihe fortgeschrittener Optionen gesetzt werden.

*Shortcuts*

In der RDV-Verbindung können Sie eine Reihe Shortcuts verwenden:

| | |
|---|---|
| CTRL + ALT + END | Entspricht der Tastenkombination STRG + ALT + ENTF auf dem lokalen Rechner |
| CTRL + ALT + PAUSE | Schaltet zwischen Vollbild und Fenstermodus um |
| ALT + EINFG | Entspricht dem lokalen ALT + TAB |
| CTRL + ALT + - | Kopiert den Inhalt des aktuellen Fensters in die Zwischenablage |
| CTRL + ALT + + | Kopiert den Inhalt des kompletten Bildschirms in die Zwischenablage |

Abb. 2.21: Shortcuts in der RDC-Verbindung

*Optimieren der Performance*

Für die Optimierung der Performance für Verbindungen mit niedriger Bandbreite können Sie die Verbindungsgeschwindigkeit wählen und nicht benötigte zusätzliche Komponenten wie Designs, Bitmap-Zwischenspeicherung oder Ähnliches für die Remoteverbindung deaktivieren. Diese Einstellungen können Sie in der Registerkarte `Erweitert` der Remotedesktop-Verbindung vornehmen.

### Kein separater Verbindungsmanager

Ein Verbindungsmanager wie unter Windows 2000 ist nicht mehr notwendig, da seine Funktionalität erweitert und in die RDC direkt integriert wurde. Das erlaubt den Benutzern und Administratoren, Dateien mit den Verbindungseinstellungen abzuspeichern und wieder zu öffnen. Diese Dateien können lokal genutzt werden und für weitere Benutzer bereitgestellt werden. Gespeicherte Passwörter werden sicher verschlüsselt und können nur auf dem Computer wieder entschlüsselt werden, an welchem Sie gespeichert worden sind.

### Umleitung von lokalen Ressourcen

Die Remotedesktop-Verbindung hat eine große Anzahl an unterschiedlichen Möglichkeiten, Daten umzuleiten. Aus Sicherheitsgründen kann jede dieser Umleitungen sowohl vom Client als auch vom Server deaktiviert werden. Wird eine Umleitung von Laufwerken, Drucker- oder serieller Anschlüsse oder einer Smartcard-Ressource angefordert, wird ein entsprechender Sicherheitshinweis angezeigt. Der Benutzer kann dann die Verbindung abbrechen oder die Umleitung jederzeit deaktivieren.

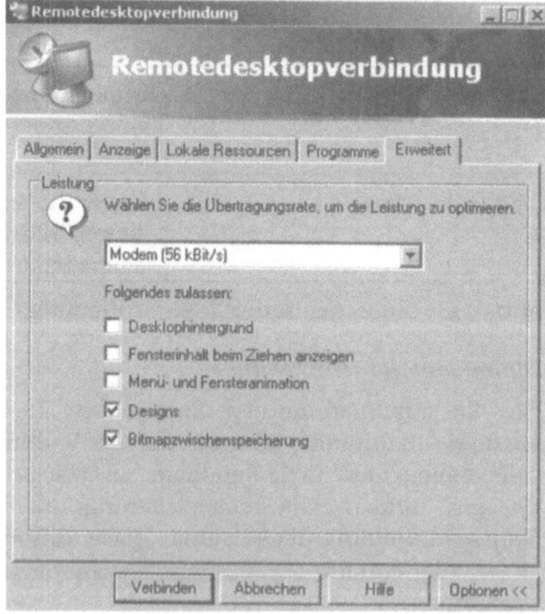


Abb. 2.22: Einstellungen der Remotedesktopverbindung

# 3 Benutzerverwaltung

Sie können in einer Active Directory-Umgebung in den Eigenschaften der Benutzer im SnapIn Active Directory-Benutzer und –Computer spezifische Einstellungen vornehmen um Benutzer, die mit einem Terminalserver arbeiten, speziell zu konfigurieren. Die meisten Einstellungen diesbezüglich finden Sie also in diesem SnapIn.

Ich gehe auf den nachfolgenden Seiten wieder speziell auf die Einstellungen für einen Windows 2003-Domänencontroller ein. Viele Einstellungen sind für Windows 2000 jedoch identisch, einige sind in Windows 2003 allerdings neu. Um einen Benutzer zu verwalten, rufen Sie zunächst im SnapIn dessen Eigenschaften auf.

## Active Directory-Benutzer und –Computer

In diesem SnapIn stehen Ihnen für die Eigenschaften eines Benutzers 4 Registerkarten zur Verfügung, auf denen Sie Anpassungen speziell für einzelne Benutzer vornehmen können.

### Registerkarte Remoteüberwachung

Auf dieser Registerkarte legen Sie fest, ob dieser Benutzer von Administratoren gespiegelt werden kann und wenn ja mit welchen Optionen. Auf dieser Registerkarte legen Sie auch fest, ob der Benutzer für eine Spiegelung gefragt werden muss, oder ob sich Administratoren ohne Bestätigung durch den Benutzer auf die Sitzung spiegeln können.

### Registerkarte Terminaldiensteprofile

Auf dieser Registerkarte können Sie das Server-gespeicherte Profil festlegen, welches ausschließlich für die Terminalsitzungen dieses Benutzers verwendet werden. Zusätzlich können Sie auf dieser Registerkarte festlegen, ob dem Benutzer ein bestimmtes Home-Laufwerk verbunden werden soll. Auch diese Konfiguration hat nur bei der Anmeldung auf einem Terminalserver Gültigkeit.

Hier legen Sie auch fest, ob sich ein Benutzer überhaupt auf einem Terminalserver anmelden darf. Standardmäßig dürfen alle Domänen-Benutzer auf einen Terminalserver zugreifen.

*Registerkarte Umgebung*

Diese Registerkarte können Sie dazu verwenden, wenn Sie wollen, dass ein bestimmtes Programm automatisch gestartet werden soll, wenn sich der Benutzer an einem Terminalserver anmeldet.

Außerdem steuern Sie hier, ob der lokale Drucker oder die Laufwerke des Benutzers verbunden werden sollen. Diese Einstellungen hier finden Sie auch später in den ICA-Einstellungen wieder, wenn von benutzerdefinierten Einstellungen die Rede ist.

*Registerkarte Sitzungen*

Auf dieser Registerkarte können Sie die Timeout-Einstellungen vornehmen, ähnlich wie bei den Eigenschaften für die RDP-Verbindung, nur dass diese Einstellungen hier für speziell diesen Benutzer Gültigkeit haben.

## Anmeldeskripte

Sie können Benutzer so konfigurieren, dass die Laufwerke und deren Einstellungen mit Gruppenrichtlinien durchgeführt werden oder weiterhin, wie bei normalen PCs, ein Anmeldeskript durchgeführt wird.

Wenn Sie für lokale Arbeitsstationen und Terminalserver das gleiche Anmeldeskript verwenden, sollten Sie im Skript für spezielle Abschnitte einen Schalter einbauen, der testet, ob das Skript auf einem Terminalserver oder einer lokalen Maschine durchgeführt wird. Ich habe mir einen einfachen Mechanismus zur Hilfe genommen.

Ich erstelle immer auf dem Terminalserver eine neue, leere Textdatei mit der Bezeichnung `tse.id`. Wenn ich im Skript jetzt eine Passage habe, die nur auf einem Terminalserver durchgeführt werden soll, oder auf einem Terminalserver eher nicht, arbeite ich mit Sprungmarken innerhalb des Skriptes. So können Sie zum Beispiel mit `:TSE` eine Sprungmarke in das Skript einbauen und mit `goto tse` zu dieser Marke springen. Dadurch ist es möglich, im Skript hin und her zu springen und gewisse Pas-

sagen auszulassen. Verwenden Sie dazu zum Beispiel die Syntax
`if exist c:\tse.id goto tse`.

Für alle Benutzer wird auf einem Terminalserver außerdem das
lokale Skript `usrlogon.cmd` ausgeführt, welches sich im System32-Verzeichnis des Servers befindet. Sie können beliebige
Zusätze zu diesem Skript machen oder Passagen entfernen.

# Einführung in Citrix Metaframe XP

Citrix Metaframe XP ist die aktuellste Version von Citrix. Ich gehe in diesem Buch nicht mehr auf die betagte Vorversion Metaframe 1.8 ein. Citrix ist ein Aufsatz zu den Windows 2000 oder Windows 2003-Terminaldiensten. Der große Vorteil von Citrix ist die verbesserte Bandbreitennutzung, sowie die Möglichkeit, einzelne Anwendungen zu veröffentlichen anstatt mit dem kompletten Desktop arbeiten zu müssen. Citrix Metaframe unterstützt dabei nicht nur Windows NT 4, 2000 und 2003, sondern auch HP-UX, Sun Solaris und IBM AIX.

## Übersicht

Trotz seiner Namensbezeichnung kann Metaframe XP auf Windows NT 4 Terminalservern und auch auf Windows 2000 Terminalservern installiert werden. Seit dem Servicepack 3 wird auch die Windows Server 2003-Reihe unterstützt. Optimiert wurde Metaframe XP für Windows 2000, läuft aber uneingeschränkt, wenn nicht besser, auf Windows 2003.

Citrix Metaframe unterstützt beliebige Clientgeräte und alle gängigen Netzwerkprotokolle wie TCP/IP, IPX, SPX, NetBEUI und RAS-Verbindungen. Die Clientsoftware kann automatisch vom Server an die Clients verteilt werden und wird ständig von Citrix weiterentwickelt. Der aktuelle Client kann kostenlos von der Citrix Homepage heruntergeladen werden. Die Spiegelung von anderen Sitzungen wird ebenfalls unterstützt. Außer dem Desktop können einzelne Anwendungen veröffentlicht werden. Metaframe hat außerdem eine eigene Weboberfläche, auf die Benutzer mit allen gängigen Browsern zugreifen können. Daten, die ständig zwischen Client und Server übertragen werden, können im Cache zwischengespeichert werden. Dadurch verringert sich der Bandbreitenbedarf deutlich. Metaframe bietet einen eigenen Lastenausgleich, damit Benutzer bei Ausfall oder Auslastung eines Servers ungestört weiter arbeiten können.

## Neuerung in Citrix Metaframe XP

Im Vergleich zu seinem Vorgänger wurden in Metaframe XP zahlreiche Verbesserungen eingeführt, die das Verwalten und Arbeiten mit Citrix deutlich erleichtern:

▶ *Citrix Management Konsole.* Alle Verwaltungsaufgaben sind jetzt in einer Konsole integriert. Diese Konsole kann auf Arbeitsstationen oder anderen Rechnern installiert werden, um verschiedene Citrix-Server zu verwalten. Da die Konsole auf Java basiert werden auch andere Betriebssysteme als Windows unterstützt.

▶ *Independent Management Architecture (IMA).* Einzelne Citrix-Server können jetzt effizient zu Verbunden, so genannten Farmen, zusammengefasst werden. Die Verbindung zwischen den Servern einer Farm wird jetzt durch den IMA-Dienst abgewickelt. Alle Daten einer Farm werden in einer Datenbank gespeichert, die durch den IMA-Dienst verwaltet wird. Die Datenbank kann auf Oracle oder SQL Server ausgelagert werden und erhöht dadurch deutlich die Sicherheit eines Citrix-Servers.

▶ *Webinterface.* In Citrix Metaframe wurde die Web-Integration weiter verbessert. Benutzer können mit der Weboberfläche eines Citrix-Servers Verbindung zu der Farm aufbauen. Ursprünglich hatte die Weberweiterung die Bezeichnung Nfuse. Diese wurde mittlerweile in Webinterface abgeändert. Die Weberweiterung muss nicht zwingend auf einem Citrix-Server liegen, sondern kann auf einem Webserver platziert werden. Das Citrix-Webinterface unterstützt

▶ *Lizenzierung.* Die Lizenzierung wird zentral für die Serverfarm durchgeführt. Alle Daten der Lizenzierung werden in der Datenbank gespeichert und durch den IMA-Dienst verwaltet.

▶ *Passthough-Authentifzierung.* Wenn ein Benutzer sich einmal an seinem Rechner authentifiziert hat, oder er sich an dem Webinterface angemeldet hat, muss er sich nicht noch mal authentifizieren, sondern seine Daten werden übernommen.

▶ *Verbesserte Druckerverwaltung.* Die Druckerverwaltung wurde deutlich optimiert und ist jetzt in der Managementkonsole integriert. Citrix liefert einen universellen Druckertreiber mit, der für zahlreiche Drucker funktioniert. Außerdem können

Sie Druckertreiber zwischen verschiedenen Citrix-Servern replizieren oder ganze Druckserver importieren.

▶ *Auflösung und Farbtiefe.* Die Auflösung wurde auf 2700x2700 dpi erhöht, die unterstützte Farbtiefe auf True-Color erhöht.

## Metaframe XP-Versionen

Metaframe XP gibt es in drei verschiedenen Versionen, die unterschiedliche Features unterstützen. Es handelt sich grundsätzlich um das gleiche Produkt, bei dem verschiedene Features freigeschaltet sind oder eben nicht.

### Metaframe XPs (Standard)

Diese Version ist die kleinste Variante von Metaframe XP und unterstützt vor allem für kleinere Unternehmen alle notwendigen Optionen. XPs unterstützt keinen Lastenausgleich zwischen verschiedenen Servern, dass heißt, Sie können keine Ausfallsicherheit zwischen verschiedenen Servern durchführen. Für die Einwahl einiger Remotebenutzer reicht diese Version durchaus.

### Metaframe XPa (Advanced)

Diese Version unterstützt alle Funktionen der XPs-Version und zusätzlich den Lastenausgleich. Dadurch können Sie eine Server-Farm erstellen, die sich über mehrere Citrix-Server verteilt.

### Metaframe XPe (Enterprise)

Metaframe XPe ist die größte Version von XP und unterstützt, außer den Features der XPs und XPa-Version, zusätzlich noch weitere features, die vor allem bei großen Serverfarmen mit 10 und mehr Citrix-Servern verwendet werden. Es wird eine automatische Installationsroutine mitgeliefert. Diese Feature hat die Bezeichnung `Installation Manager`. Zusätzlich werden weitere Tools zur Netzwerküberwachung und die Integration in den Microsoft Operation Manager, Tivoli oder HP Openview, zur Verfügung gestellt.

### ICA-Protokoll

Während die Microsoft Terminaldienste mit dem `Remote Desktop Presentation (RDP)`-Protokoll arbeiten, wird das Citrix-Protokoll `Independent Computing Architecture (ICA)`-Protokoll genannt.

*Hinweis*

Das ICA-Protokoll benötigt pro Sitzung eine Bandbreite von 10-20 Kbit/s.

Dabei werden, wie bei RDP, Maus- und Tastatur-Eingaben vom Client auf den Terminalserver übertragen und Bildschirmänderungen sowie Audio- und Druckersignale zurück an den Client-Rechner.

ICA unterstützt bis zu 16,7 Mio. Farben und eine Auflösung von 2700 x 2700 Punkten. Es können für jeden Client auch mehre Monitore angeschlossen werden.

### Independent Management Architecture (IMA)

Der IMA-Dienst ist der wichtigste Bestandteil eines Citrix-Servers. Er stellt das Gerüst für die Kommunikation zwischen den Servern und den Clients zur Verfügung. Der IMA-Dienst bündelt alle Informationen und stellt Sie einem zentralen Verwaltungstool, der Citrix Management-Konsole, zur Verfügung. Durch die Einführung des IMA-Dienstes findet die Kommunikation nicht mehr mit Hilfe von Broadcasts und UDP-Paketen, sondern mit dem TCP/IP-Protokoll statt. Dadurch wird die Netzwerklast in einem LAN deutlich reduziert, da die TCP/IP-Pakete zielgerichtet sind und nicht wie Broadcasts an das ganze Netz geschickt werden.

### Local Host Cache

Der IMA-Dienst auf einem Server ist auch dafür zuständig, alle notwendigen Daten aus dem Datenspeicher auszulesen und auf dem lokalen Server in einem Cache, den `Local Host Cache`, abzulegen. Der `Local Host Cache` ist eine Kopie des Datenspeichers, die durch den IMA-Dienst angelegt wird. Dabei werden nicht alle Daten des Datenspeichers in den Local Host Cache übertragen, sondern nur eine Teilmenge, die für den Betrieb erforderlich ist.

Diese Aufgabe ist nur eine von Vielen. Sie sollten wissen, dass der IMA-Dienst für Citrix die gleiche Bedeutung hat wie die Systemaufsicht bei Exchange.

*Hinweis*

Wenn der IMA-Dienst nicht gestartet ist, oder im laufenden Betrieb beendet wird, können sich keine Benutzer an diesem Citrix-Server anmelden. Bereits angemeldete Benutzer sind davon nicht betroffen.

Die Daten des Local Host Caches werden auf der lokalen Platte im Verzeichnis

*\Programme\Citrix\Independant Management Architecture*

gespeichert. Die Datei hat die Bezeichnung `imalhc.mdb`, die Datei `imalhc.ldp` ist ein Speerhinweis, damit die Datei nicht versehentlich bearbeitet oder zerstört wird. Die Datei wird im Access-Format gespeichert und ist verschlüsselt.

## Zonen

Eine Zone ist eine Teilmenge von Citrix-Servern einer Farm im gleichen Subnetz. Zonen sind also mit Standorten in Windows 2000 und Windows 2003 oder Routinggruppen in Exchange 2000 und Exchange 2003 zu vergleichen. In jeder Zone gibt es einen Server, der als Sammelpunkt für die Zone dient, den Datensammelpunkt. Die Datensammelpunkte der verschiedenen Zonen tauschen Daten untereinander aus, die diese dann wiederum an die anderen Citrix-Server Ihrer Zone weitergeben. Sie sollten Zonen nicht über schmalbandige Leitungen miteinander verbinden, sondern Terminalserver, die über solche schmalen Leitungen verbunden sind, in verschiedene Zone untergliedern. Zonen können sich auch durchaus über verschiedene Subnetze erstrecken.

## Datensammelpunkt

Auf dem Datensammelpunkt einer Zone werden die aktuellen Benutzersitzungen, Serverlasten und die verwendeten Lizenzen gespeichert, also keine permanente Daten, sondern nur dynamische Daten, die den Tagesbetrieb betreffen. Alle Konfigurationsoptionen, wie Lizenzen, Druckertreiber etc. werden im Datenspeicher abgelegt und nicht auf dem Datensammelpunkt gespeichert. Sie können für jede Zone eine Priorität festlegen, in der die einzelnen Citrix-Server als Datensammelpunkt verwendet werden.

## Verwendete Ports

Citrix Metaframe verwendet für seine Kommunikation verschiedene TCP/IP-Ports, deren Bedeutung Sie, vor allem bei Einbindung von Firewalls, kennen sollten.

| | |
|---|---|
| 1494 | ICA-Protokoll. Mit diesem Port kommunizieren die Clients mit dem Server. |
| 80 | Dieser Anschluss wird vom Webinterface auf dem Citrix-Server verwendet. |
| 443 | Dieser Port ist das SSL-Relay welches zum Sichern der Webverbindung verwendet werden kann. |
| 139, 1433, 443 | Mit diesen Ports kommuniziert Citrix mit den Datenbankservern, wenn der Datenspeicher auf Oracle oder dem SQL-Server gelegt wurde. |
| 2512, 2513 | Mit dem Port 2512 kommunizieren die Citrix-Server untereinander, 2513 wird für die Kommunikation von Server und Managementkonsole verwendet. |
| 3389 | Dieser Port wird durch das RDP-Protokoll verwendet, hat also nichts mit Citrix zu tun, sondern wird nur durch die Remotedesktopverbindung verwendet. |

*Abb. 4.1: Verwendete TCP-Ports auf Terminalservern*

# Installation von Citrix Metaframe XP

Nachdem wir uns im Kapitel 4 mit der Theorie um Citrix Metaframe beschäftigt haben, widmen wir uns in diesem Kapitel dem Thema der Installation.

## Installation

Um Citrix Metaframe zu installieren, sollten Sie Ihre Installations-CD bereithalten und alle Lizenzschlüssel die Sie benötigen. Sie sollten Citrix Metaframe direkt nach Fertigstellung der Installation der Terminaldienste und vor der Installation irgendwelcher Anwendungen installieren.

*Tipp*

Verwenden Sie für die Installation am besten gleich das aktuellste Servicepack. Dadurch müssen Sie nach der Installation nicht nachträglich noch das Servicepack installieren und Sie profitieren bereits bei der Installation von den Fehlerverbesserungen des Servicepacks.

*Hinweis*

Citrix Metaframe unterstützt erst ab Servicepack 3 Windows 2003. Wenn Sie also Citrix Metaframe auf einem Windows 2003 Server installieren wollen, sollten Sie sich zunächst von der Webseite das aktuellste Servicepack herunterladen. Beachten Sie aber dabei, dass es sich um die Version für Windows 2003 handelt. Es gibt für jeden Server eine eigene. Die Version, welche Windows 2003 unterstützt, wird entsprechend gekennzeichnet.

Sie sollten für eine Metaframe-Installation immer einen eigenen Server verwenden und den Server nicht noch für andere Zwecke, vor allem als Domänencontroller. Da Ihre Benutzer direkt auf dem Terminalserver angemeldet sind, ist es sicherlich nicht optimal, auf einem Domänencontroller zusätzlich Software zu installieren, oder Benutzer anmelden zu lassen.

Wählen Sie für die Installation die Datei *autorun.exe* direkt aus der Root des Servicepack-Verzeichnisses. Es startet daraufhin das

Autostart-Menü. Aus diesem Menü können sie auswählen, welche Option Sie durchführen wollen.

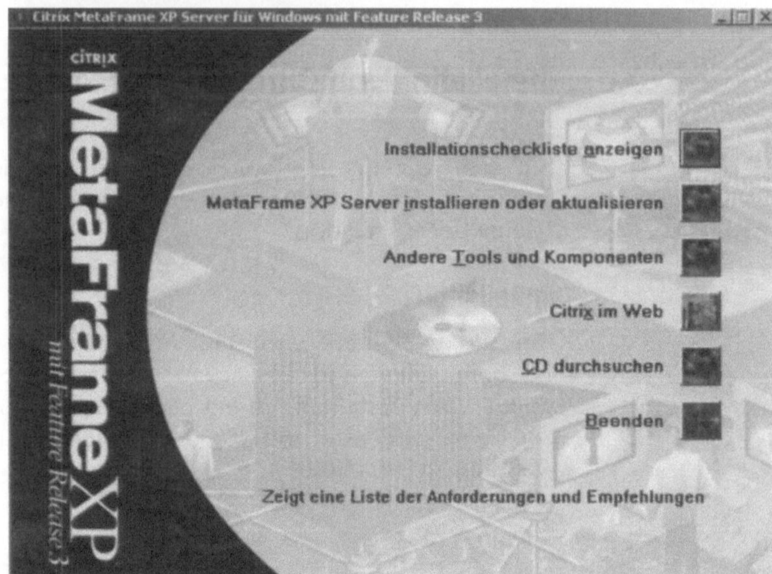


*Abb. 5.1: Autostart-Menü der Citrix-SP 3-CD*

Wählen Sie aus dem Menü die Option *Metaframe XP Server installieren oder aktualisieren* aus.

*Abb. 5.2: Installation Metaframe XP*

Wählen Sie die Option Metaframe XP Servicepack 3 zur Installation aus. Wenn Sie das Feature Release lizenziert haben, können Sie auch diese Option auswählen. Es werden die gleichen Dateien installiert, das Feature Release enthält jedoch einige Optionen, die eine Arbeit mit Citrix erleichtern.

Nach der Auswahl der Installationsroutine startet der Setup-Assistent und Sie müssen die EULA bestätigen. Im nächsten Fenster können Sie auswählen, welche Produktversion Sie installieren wollen.

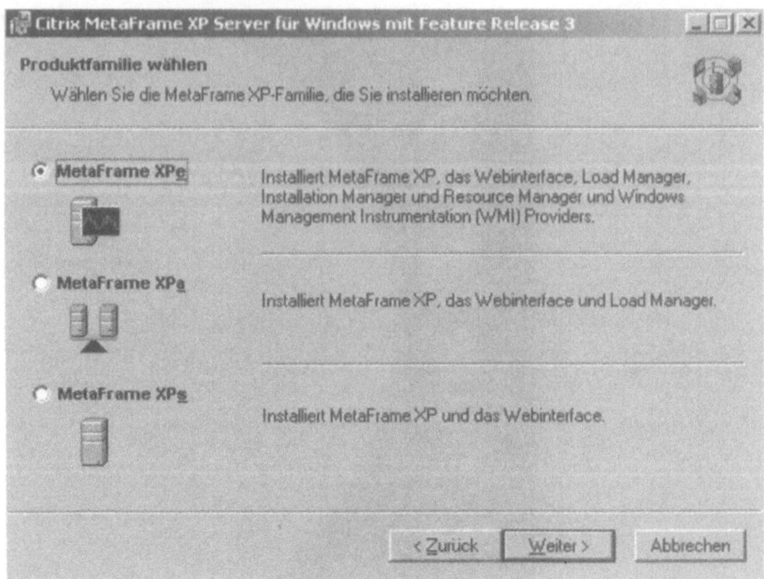

*Abb. 5.3: Auswahl der Produktversion*

Anschließend müssen Sie noch wählen, welche Lizenzierung Sie installieren wollen. Anhand dieser Auswahl wird der Produktcode ausgewählt, der den Citrix-Server identifiziert. Wenn Sie nicht sicher sind, welche Lizenzierung Sie erworben haben, vergleichen Sie die einzelnen Optionen mit Ihrem Produktcode und wählen die Option aus, die passt. Nachdem Sie den Produktcode ausgewählt haben, kommen Sie auf der nächsten Seite des Assistenten zur Auswahl der einzelnen Komponenten. Ich lasse eigentlich die Auswahl immer auf den Standardoptionen, Sie können hier die Installation aber nach Ihren Bedürfnissen anpassen.

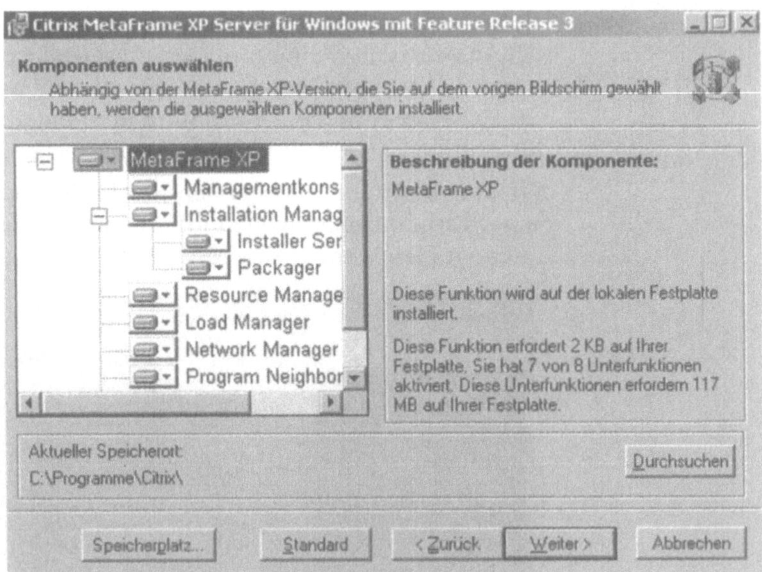

*Abb. 5.4: Auswahl der Installationskomponenten*

Wenn Sie alle Komponenten ausgewählt haben, kommen Sie auf die nächste Seite des Installationsassistenten.

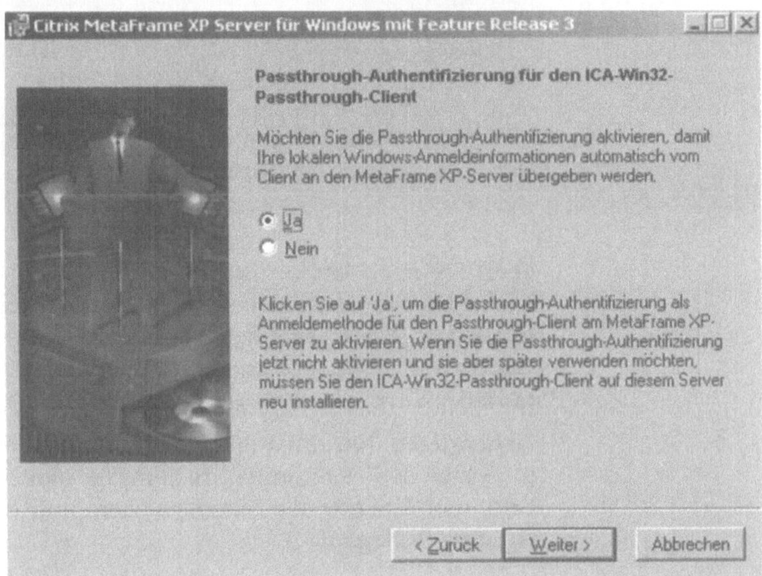

*Abb. 5.5: Konfiguration der Passthrough-Option*

Wenn Sie die Passthrough-Authentifizierung aktivieren, werden die Anmeldedaten Ihres lokalen Arbeitsplatzes bei der Anmeldung an den Citrix-Server automatisch übertragen. Dadurch müssen Sie nicht für jede Anwendung eine eigene Authentifizierung durchführen, haben aber dennoch eine sichere Authentifizierung.

Auf der nächsten Seite müssen Sie festlegen, ob Sie eine neue Server-Farm erstellen wollen oder einer bereits vorhandenen beitreten wollen. Wählen Sie die gewünschte Option aus.

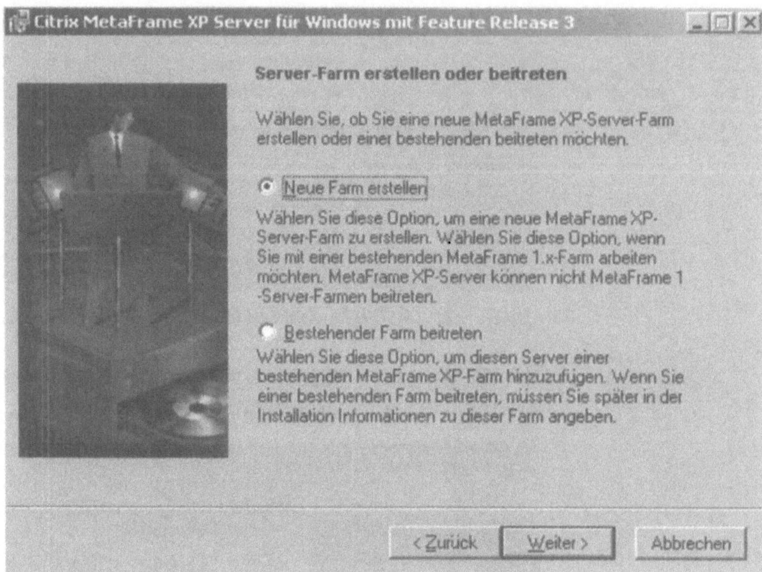


*Abb. 5.6: Auswahl der Farmoptionen*

Wenn Sie noch keine Citrix-Server installiert haben, werden Sie hier wohl eine neue Server-Farm erstellen. Sie können nach der Installation jeden beliebigen Citrix-Server wieder aus einer Farm entfernen und in einer anderen integrieren. Dazu stellt Citrix ein spezielles Tool zur Verfügung (`chfarm.exe`).

Nachdem Sie Ihre Auswahl getroffen haben, erscheint das nächste Fenster des Assistenten, in dem Sie den Namen Ihrer neuen Farm, die Variante des Datenspeichers und den Namen der ersten Zone festlegen.

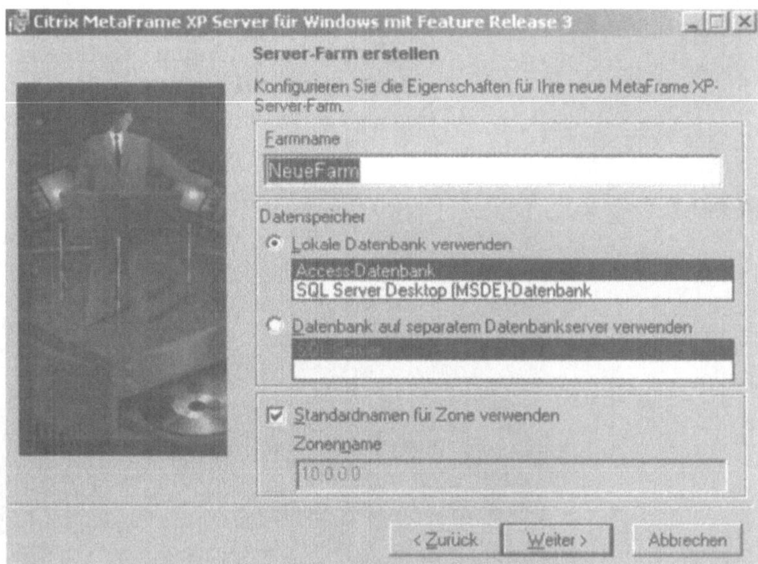


*Abb. 5.7: Eingabe der Farmdaten*

Bei der Auswahl der Datenspeichers stehen Ihnen 4 verschiedene Varianten zur Verfügung:

> ▶ *Access-Datenbank.* Diese Auswahl ist die Standardauswahl. Hier wird die Datenbank in einem Access-Format auf dem ersten installierten Citrix-Server abgelegt. Sie können später ohne weiteres die Datenbank auf SQL-Server oder Oracle migrieren.

> ▶ *SQL Server Desktop (MSDE)- Datenbank.* Diese Option ist neu seit Servicepack 3. Mit dieser Option können Sie den Datenspeicher auch in der Desktop Edition des SQL Servers speichern.

*Hinweis*
Achten Sie bei der Verwendung der SQL Desktop Edition darauf, dass diese Edition auch alle Servicepacks und Hotfixes des richtigen SQL-Servers verwendet (Stichwort Slammer).

> ▶ *SQL-Server.* Wenn Sie die Option Datenbank auf separatem Datenbankserver verwenden, können Sie die Citrix-Datenbank auch auf einem SQL-Server speichern. Sie müssen zuvor auf dem SQL-Server jedoch eine Datenbank erstellen. Der ODBC-Treiber für den SQL-Server ist bei Windows 2000 und Windows 2003 bereits integriert.

> ▶ *Oracle.* Wenn Sie zuvor den ODBC-Treiber für Oracle installiert haben, können Sie diesen ebenfalls hier auswählen. Auch dazu muss vorher eine Datenbank oder Tablespace auf dem Oracle-Server erstellt worden sein.

*Hinweis*

Wenn Sie den Citrix-Datenspeicher auf einem SQL-Server oder Oracle ablegen wollen, müssen Sie zuvor sicherstellen, dass die ODBC-Verbindung zum Datenbank-Server vor der Installation von Citrix zur Verfügung steht.

Der Datenspeicher kann auch nicht auf dem Citrix-Server installiert werden, sondern muss auf einem eigenen Server installiert werden.

Sie müssen vor der Installation von Citrix die ODBC-Verbindung nicht einrichten, aber die Datenbank auf dem jeweiligen Datenbankserver vorher erstellen.

Sie können außerdem zwischen einer direkten und einer indirekten Datenbankverbindung wählen. Bei einer direkten Verbindung muss der entsprechende Server über eine ODBC-Verbindung direkt zum Datenbank-Server verfügen, bei einer indirekten kommuniziert der Citrix-Server über den Port 2512 mit einem Citrix-Server, der wiederum über einen direkten Zugang verfügt. Bei einer indirekten Verbindung muss kein ODBC-Treiber zur Verfügung stehen.

Den Namen der Zone können Sie jederzeit später ändern. Es ist natürlich am besten, wenn Sie den Zonennamen gleich wissen, es ist allerdings nicht tragisch, diesen später zu ändern.

Wenn Sie den Zugriff auf den Datenspeicher konfiguriert haben, müssen Sie noch Benutzername und Kennwort des Benutzers festlegen, der zunächst volle Rechte auf die Verwaltung der Farm hat. Die Installationsroutine übernimmt standardmäßig den Benutzer, mit dem Sie die Installation durchführen, diesen sollten Sie auch so belassen. Nach der Installation können Sie jederzeit weitere Benutzer zur Administration freischalten oder sperren. Nachdem Sie den ersten Farm-Administrator festgelegt haben, müssen Sie als nächstes festlegen, wie die Spiegelung auf dieser Farm konfiguriert werden soll.

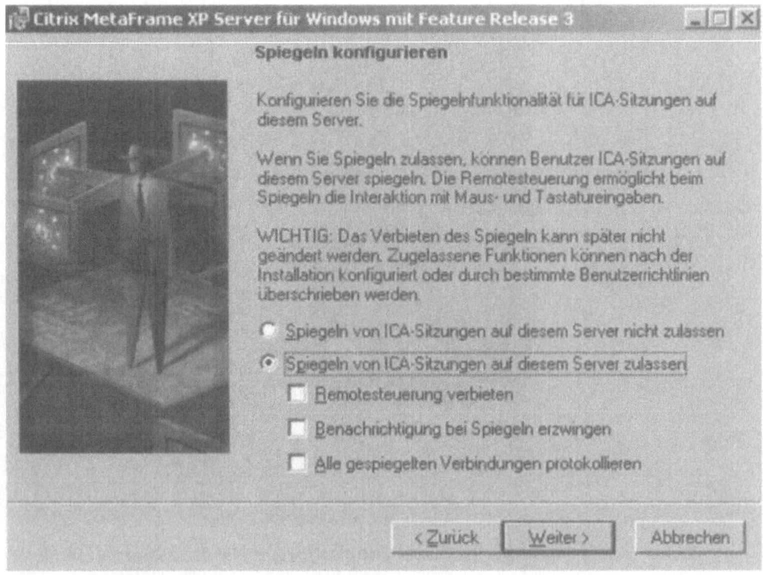


*Abb. 5.8: Konfiguration der Spiegelung*

<table>
<tr><td>*Hinweis*</td><td>Wenn Sie bei der Installation irgendwelche Einschränkungen für die Spiegelung festlegen, oder diese auf dem Server ganz deaktivieren, können Sie diese Einstellungen später nicht mehr zurücknehmen, sondern müssen Metaframe auf diesem Server komplett neu installieren.</td></tr>
</table>

Als nächstes müssen Sie noch den Standardport angeben, auf dem das Webinterface auf Anfragen warten soll. Wählen Sie am besten den Standardport 80 und ändern diesen nur ab, wenn Sie wissen, was Sie tun und spezielle Gründe haben.

Nachdem Sie den Port festgelegt haben, werden Sie bei Windows 2003 noch gefragt, ob die authentifizierten Benutzer in die lokale Gruppe Remotedesktopbenutzer mit aufgenommen werden sollen. Ohne eine solche Aufnahme dürfen sich keine Benutzer auf diesem Server anmelden.

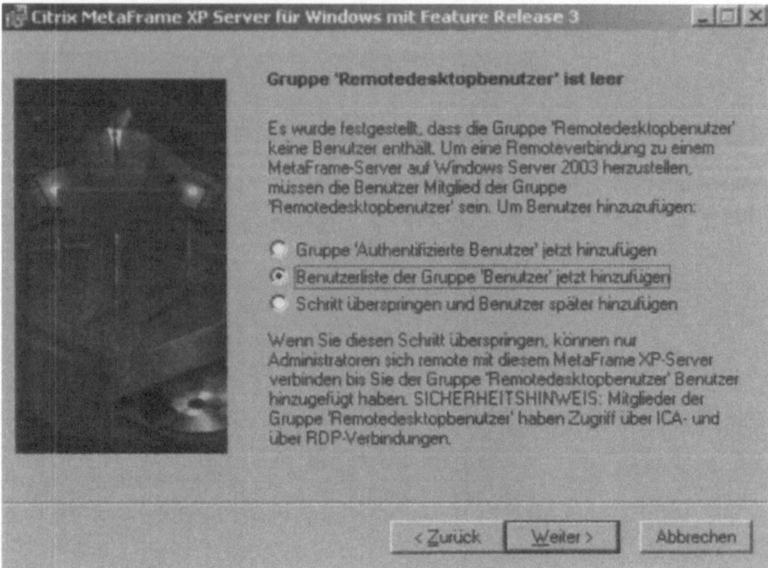

*Abb. 5.9: Aktivierung der Anmeldung für Benutzer*

Zum Schluss erhalten Sie noch eine Zusammenfassung und die Installation beginnt. Nachdem die Installation erfolgreich abgeschlossen ist, müssen Sie den Server neu starten und die notwendigen Lizenzen in der Citrix Managementkonsole eintragen.

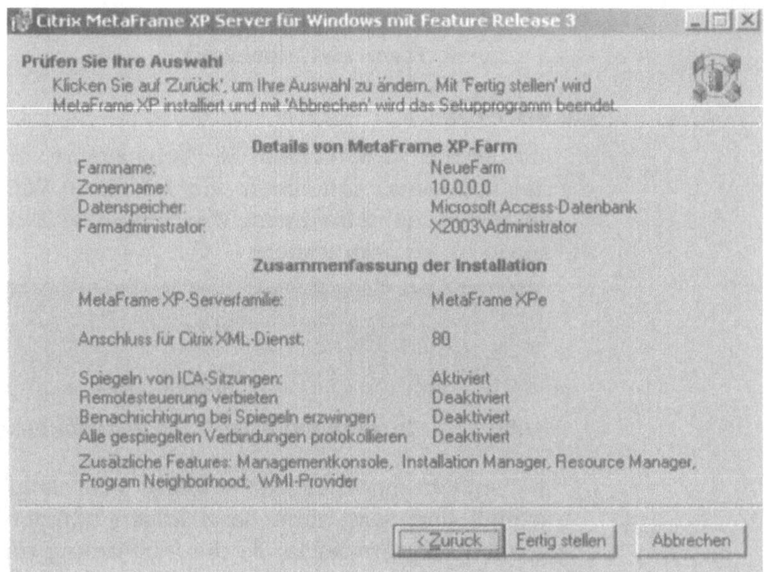

*Abb. 5.10: Zusammenfassung der Installationseingaben*

Nach der Installation und dem erfolgreichen Neustart müssen Sie den Citrix-Server korrekt lizenzieren.

## Klonen eines Citrix-Servers

Wenn Sie identische Hardware haben, können Sie mit einer Klon-Software, wie zum Beispiel Norton Ghost oder Powerquest Drive Image bzw. dem Deploy Center eine komplette Citrix-Installation auf einem anderen Rechner klonen.

Hierzu müssen Sie jedoch einiges beachten. Zunächst sollten Sie möglichst keine Citrix-Server klonen, die auch gleichzeitig als Datenspeicher dienen, aber auch das ist grundsätzlich möglich. Gehen Sie beim Klonen eines Rechners folgendermaßen vor:

▸ Erstellen Sie ein Image des Citrix-Servers, den Sie klonen wollen.

▸ Spielen Sie dieses Image auf den Server ein, den Sie zusätzlich in die Farm mit aufnehmen wollen.

▸ Fahren Sie den geklonten Server *ohne Netzwerkverbindung* hoch und ändern Sie den Namen ab.

▸ Starten Sie den Server durch, diesmal mit Netzwerkverbindung und nehmen ihn in die Domäne mit auf.

> Als nächstes können Sie den Server mit dem Tool CHFARM in die Farm mit aufnehmen.

## CHFARM

Mit diesem Tool können Sie Citrix-Server von einer Farm auf eine andere mit aufnehmen und auf diese Weise auch einen neuen Server mit aufnehmen. Wenn Sie das Tool aufrufen erscheint zunächst das Startfenster:

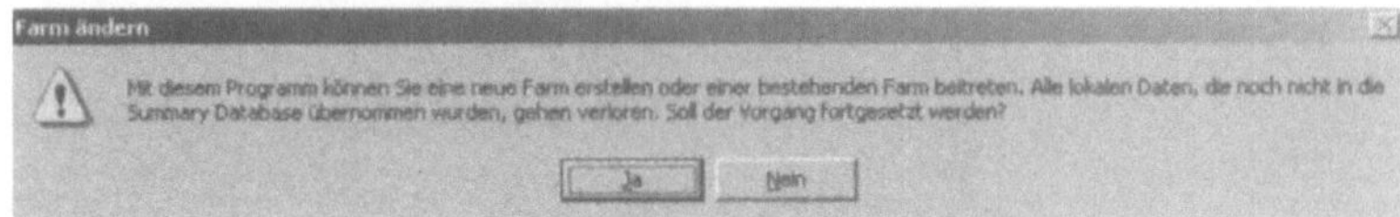


*Abb. 5.11: Zusammenfassung der Installationseingaben*

Sie sollten mit CHFARM äußerst vorsichtig vorgehen, da Sie schnell Ihre Serverfarm beschädigen können. In den darauffolgenden Fenstern legen Sie die Verbindung zur neuen Serverfarm fest, ähnlich wie bei der Installation. Nach dem Neustart dieses Servers steht Ihnen dieser in der neuen Serverfarm zur Verfügung.

Diese Anleitung ist extrem kurz, da ich nicht auf alle Eventualitäten eingehen kann, die beim Cloning eines Rechners auftreten können. Grundsätzlich funktioniert dieser Weg jedoch nach der beschriebenen Art und Weise. Der Erfolg hängt natürlich auch von Ihrer Klon-Software und Ihrer Hardware ab.

## Lizenzierung

Nach der erfolgreichen Installation meldet der Citrix-Server zunächst, dass er nicht korrekt lizenziert ist. Um einen Citrix-Server richtig zu lizensieren, müssen Sie zunächst dafür sorgen, dass die Microsoft Terminalserverlizenzierung konfiguriert ist und ein Microsoft Terminallizenz-Server zur Verfügung steht. Dieser Vorgang hat allerdings nichts mit der Citrix-Lizensierung zu tun. Um Citrix zu lizensieren, müssen Sie in der neuen Management-Konsole 5 Punkte erledigen. Diese Punkte werden nach der Installation durchgeführt.

*Hinweis*

Die Lizenzierung muss nicht auf allen Citrix-Servern ausgeführt werden, sondern erfolgt global, das heißt, Sie müssen nur den ersten Citrix-Server installieren und dort die Lizenzierung durchführen. Die Lizenzen werden im Datenspeicher abgelegt.

- Überprüfung, ggf. Korrektur des Citrix-Produkt-Codes (2 mit Bindestrich getrennte Gruppen mit je vier Zeichen, zum Beispiel 0000-0000)

- Einstellen der korrekten Feature Release Version

- Eintragen der Citrix-Server-Lizenz (5 Gruppen mit je 5 Zeichen)

- Eintragen der Benutzerlizenzen (Auch 5 Gruppen mit je 5 Zeichen)

- Aktivierung der Lizenzen (Es wird ein eigener Aktivierungscode erstellt.)

Auf den nachfolgenden Seiten gehe ich mit Ihnen zusammen Schritt für Schritt diese Lizenzierung durch. Suchen Sie zunächst die notwendigen Lizenzschlüssel zusammen.

## Produktcode

Der Produktcode identifiziert auf jedem Citrix-Server die installierte XP-Version. Sie müssen daher sicherstellen, dass in der Citrix Management-Konsole für alle Citrix-Server Ihr zugeteilter Produktcode eingegeben ist.

Der Produktcode setzt sich aus 2 Gruppen mit je 4 Zeichen zusammen (xxxx-xxxx). Diese Produktcodes sind sprachunabhängig.

Sie finden den Produktcode, wenn Sie auf den jeweiligen Citrix-Server in der Citrix Managementkonsole auf den Server mit der rechten Maustaste klicken und aus dem Menü dann Metaframe Produktcode auswählen.

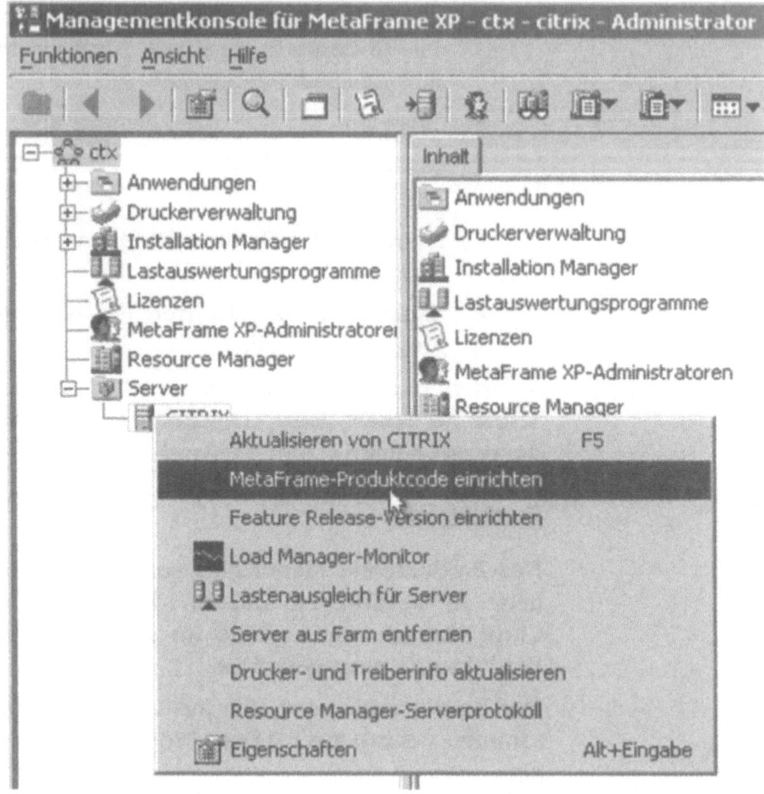

*Abb. 5.12: Metaframe Produktcode einrichten*

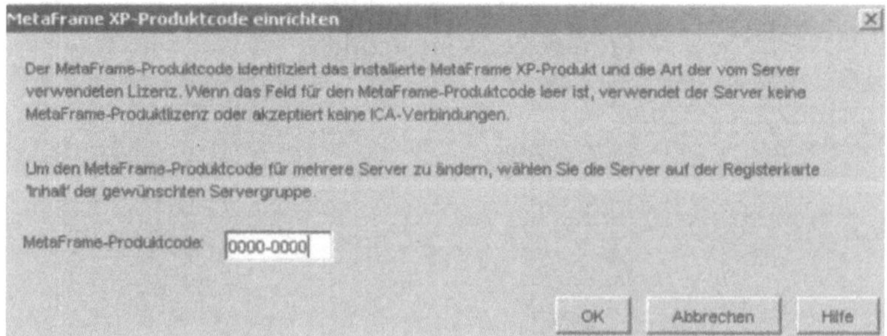

*Abb. 5.13: Metaframe Produktcode eingeben*

Ohne einen passenden Produktcode dürfen sich keine Benutzer mit dem Citrix-Server verbinden.

## Feature Release-Version

Als nächsten wichtigen Schritt müssen Sie noch die von Ihnen lizenzierte Feature Release-Version auswählen. Feature Releases sind Erweiterungen von Citrix Metaframe, die allerdings eigenständig lizenziert werden müssen. Feature Releases dienen also nicht nur wie Servicepacks der Fehlerbehebung, sondern erweitern das Produkt. Sie finden die Feature Release Version, wie den Produktcode, mit einem Rechtsklick auf den Server, wie in Abbildung 5.11 bereits beschrieben.

Wählen Sie aus dem Menü Feature Release-Version einrichten aus und stellen Ihre Version hier ein. Wenn Sie keine lizenzierte Version auswählen, erscheint beim Starten des Servers eine Fehlermeldung, auch wenn Sie alle anderen Lizenzen korrekt eingetragen haben.

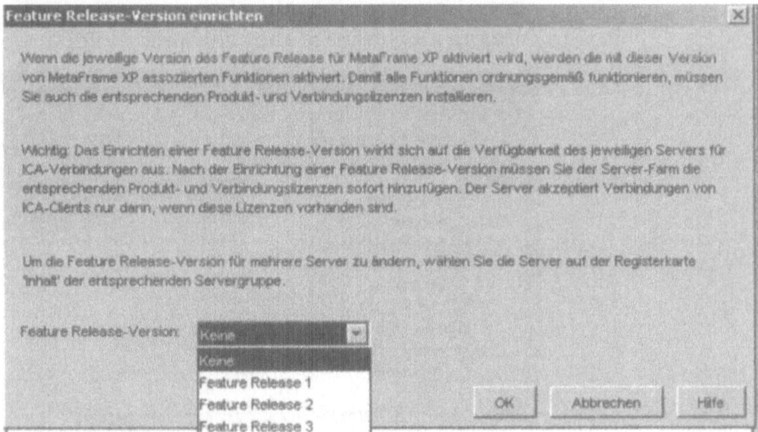


*Abb. 5.14: Metaframe Produktcode eingeben*

## Citrix-Server Produktlizenzen

Als nächstes müssen Sie noch die Produktlizenznummer in der Managementkonsole eintragen, die zum konfigurierten Produktcode passt. Diese Lizenznummer dient der Überprüfung der XP-Version, mit denen Ihre Serverfarm installiert ist. Sie verwalten die Produktlizenzen in der Managementkonsole im Untermenü `Lizenzen`.

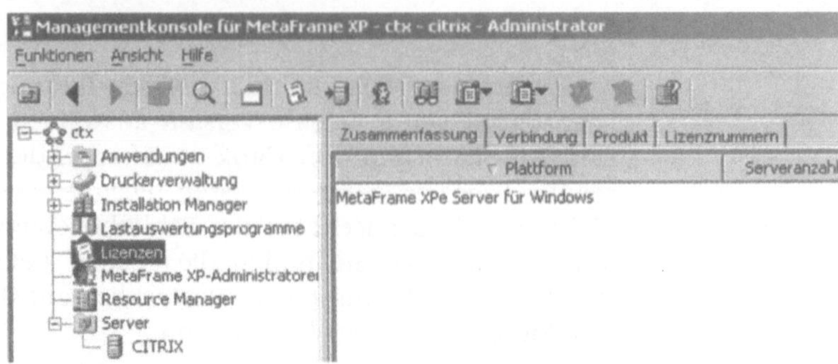

*Abb. 5.15: Metaframe Lizenzen eingeben*

Sie finden auf der rechten Seite im Menü jetzt 4 Registerkarten, die Ihnen alle Lizenzen aufzählen. Wenn Sie zusätzlich Lizenzen hinzufügen wollen, klicken Sie mit der rechten Maustaste auf das Menü Lizenzen in der Managementkonsole und wählen den Vorgang aus, den Sie durchführen wollen.

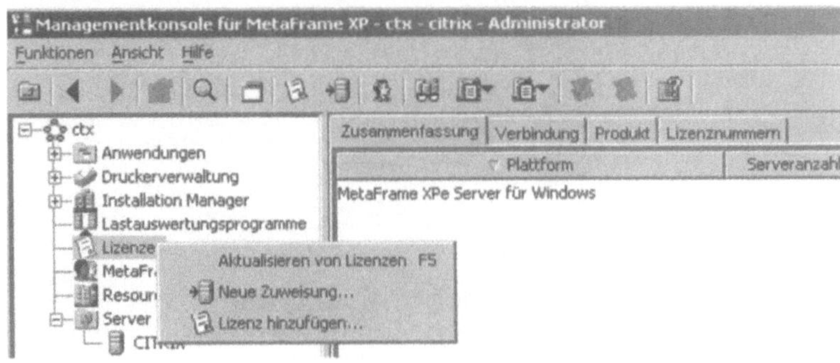

*Abb. 5.16: Metaframe Lizenzen eingeben*

Sie können sich die Ansicht der Lizenzen aktualisieren lassen, neue Lizenzen hinzufügen, oder bereits installierte Lizenzen direkt einem oder mehreren Citrix-Servern fest zuweisen. Standardmäßig sind Citrixlizenzen allen Servern einer Farm zugeordnet. Sie können Benutzerlizenzen jedoch auch an einzelne Server fest vergeben.

*Hinweis*

Citrix Produktlizenzen, müssen zum konfigurierten Produktcode passen, da sich sonst keine Benutzer an dem Citrix-Server anmelden dürfen.

## Citrix-Verbindungslizenzen

Eine weitere wichtige Lizenzierung sind die Verbindungslizenzen. Diese werden an der gleichen Stelle, wie die Produktlizenzen installiert. Verbindungslizenzen sagen aus, wie viele Benutzer sich gleichzeitig mit der Serverfarm verbinden können. Wenn alle Verbindungslizenzen verbraucht sind, darf sich kein Benutzer mehr an der Serverfarm anmelden. Wenn sich ein Benutzer wieder vom Citrix-Server abmeldet, wird dessen Lizenz in der Farm wieder freigegeben.

## Aktivierung der Lizenzen

Abhängig von Ihrer Metaframe- und Feature Release-Version müssen Sie die installierten Lizenznummern noch bei Citrix im Internet aktivieren. Klicken Sie dazu in der Managementkonsole mit der rechten Maustaste auf die Lizenznummer und wählen Aktivieren aus. Es wird daraufhin ein Aktivierungsschlüssel erstellt, mit dessen Hilfe Sie bei Citrix einen Aktivierungscode erhalten.

Mit diesem Code können Sie die Lizenznummern schlussendlich aktivieren.

# Verwaltung von Citrix Metaframe XP

Nach der Installation von Citrix Metaframe gehen wir jetzt die Verwaltung der Server durch. Im Vergleich zu Metaframe 1.8 hat Citrix alle wesentlichen Verwaltungsvorgänge in eine Konsole, der Citrix Management Konsole, zusammengefasst. Dadurch können Sie jetzt die meisten Verwaltungsvorgänge Ihrer Citrix-Farm innerhalb einer Applikation durchführen.

## Citrix Management Konsole - Einführung

Die Citrix Management Konsole rufen Sie über das Startmenü auf. Sie können die Konsole auch als Verknüpfung auf dem Desktop anlegen. Die Citrix Management Konsole ist allerdings keine Erweiterung einer Windows Management-Konsole, sondern ist ein unabhängiges Tool, welches auf Java basiert. Wenn Sie auf einem Server Citrix installieren, wird die Konsole standardmäßig mitinstalliert.

Sie können die Konsole jedoch jederzeit auch getrennt auf einer Arbeitsstation oder einem anderen Server installieren.

Die Citrix Management Konsole kann auch ohne Citrix Metaframe XP installiert werden. Bei der Installation wird eine Version der Sun Java Runtime Environment (JRE) installiert. Diese Installation beeinträchtigt jedoch nicht eine bereits installierte JRE-Version.

Wenn Sie mit einer installierten Citrix Management Konsole auf einem Rechner Spiegelungen auf andere Citrix-Sitzungen durchführen wollen, muss auf dem Rechner zusätzlich der ICA-Client installiert werden.

Nach dem Start der Management Konsole, müssen Sie sich zunächst authentifizieren. Wenn Sie bei der Installation die Passthrough-Authentifizierung ausgewählt haben, müssen Sie keine Authentifizierung vornehmen, sondern werden automatisch mit dem Benutzer an der Farm angemeldet, mit dem Sie sich an Windows angemeldet haben.

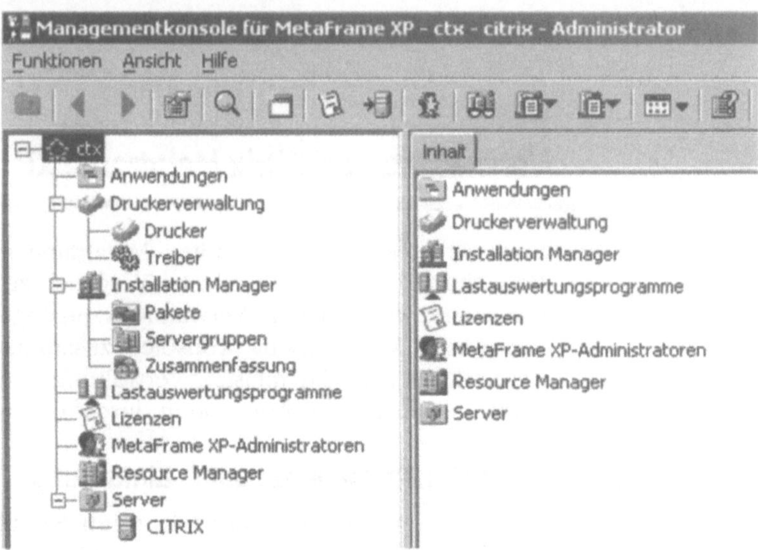

*Abb. 6.1: Citrix Management Konsole*

Nachdem Sie sich authentifiziert haben, stehen ihnen die einzelnen Optionen der Management Konsole zur Verfügung.

## Ansicht der Citrix Management Konsole

Über das Menü Ansicht und dann Präferenzen können Sie verschiedene Optionen der Ansicht innerhalb der Management Konsole steuern. Standardmäßig werden die Echtzeit-Daten innerhalb der Managementkonsole nicht automatisch aktualisiert. In diesem Menü können Sie automatische Aktualisierungsintervalle einstellen.

*Tipp*
Hier können Sie auch nachträglich die Passthrough-Authentifizierung aktivieren oder deaktivieren.

## Eigenschaften der Citrix-Farm

Der oberste Bereich in der Management Konsole dient zur Verwaltung der Farmeigenschaften. Die Einstellungen, die Sie hier vornehmen, gelten für alle Citrix-Server, die Mitglied dieser Farm sind. Um die Eigenschaften der Farm aufzurufen, führen Sie einen Rechtsklick auf den Namen der Server aus und wählen die Eigenschaften aus.

Je nach installiertem Servicepack stehen Ihnen in den Eigenschaften 5 Menüs oder Registerkarten zur Verfügung:

## ICA-Einstellungen

Hier können Sie Einstellungen vornehmen, die sich auf die Performance der Benutzer auswirkt. Das größte Performance-Problem auf einem Citrix-Server ist die Bandbreitennutzung. Sie sollten daher bezüglich der Bandbreiten optimieren, was zu optimieren ist.

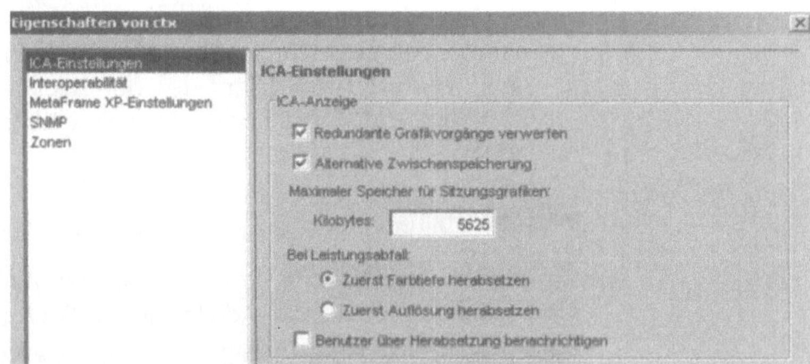

*Abb. 6.2: ICA-Einstellungen*

Bei den ICA-Einstellungen stehen Ihnen verschiedene Optionen zur Auswahl:

▶ *Redundante Grafikvorgänge verwerfen.* Dieser Punkt ist standardmäßig bereits aktiviert. Es werden keine Grafiken an den Client übertragen, die ohnehin nicht angezeigt werden, sondern sofort durch eine andere Grafik wieder überschrieben werden.

▶ *Alternative Zwischenspeicherung.* Auch diese Option ist standardmäßig aktiv. Mit der alternativen Zwischenspeicherung werden Speichervorgänge kompatibel zu Metaframe 1.8-Servern durchgeführt.

▶ *Maximaler Speicher für Sitzungsgrafiken.* Mit dieser Einstellung legen Sie fest, wie viel Speicher auf dem Citrix-Server für Grafiken der Benutzer zur Verfügung gestellt werden soll. Je höher die Farbtiefe und Auflösung, je höher ist auch der Speicherbedarf für die Grafiken der Benutzer.

▶ *Bei Leistungsabfall*

    ➤ *Zuerst Farbtiefe herabsetzen.* Wenn sich der oben eingestellte freie Speicher dem Ende nähert, wird die Farbtiefe des ICA-Clients zurückgesetzt. Erreicht mit dieser zurückgesetzten Einstellung der Speicher wieder die Grenze, wird zusätzlich die Auflösung des Clients reduziert.

> *Zuerst Auflösung herabsetzen.* Mit dieser Einstellung wird zunächst die Auflösung und dann die Farbtiefe zurückgesetzt.

▸ *Benutzer über Herabsetzung benachrichtigen.* Wenn Sie diese Option aktivieren, werden die Benutzer bei diesen Maßnahmen benachrichtigt. Eine Herabsetzung kann auch erfolgen, wenn der ICA-Client des Benutzers keine höheren Auflösungen unterstützt, oder die Citrix-Lizensierung nicht ausreicht.

## Interoperabilität

Mit dieser Registerkarte können Sie die Zusammenarbeit zwischen Metaframe XP und Metaframe 1.8-Servern einstellen.

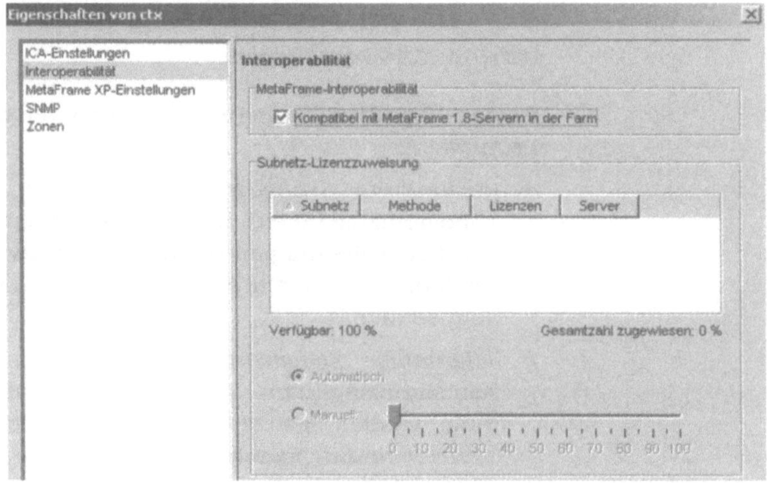


*Abb. 6.3: Interoperatibilität mit Metaframe 1.8*

Auf dieser Registerkarte können Sie die Kompatibilität aktivieren oder deaktivieren. Eine Interoperabilität sollten Sie nur aktivieren, wenn Citrix Metaframe-1.8-Server in der Server-Farm mitlaufen. Sie sollten mit diesen Einstellungen sehr sorgfältig vorgehen, da bei aktivierter Interoperabilität die Verbindung von den Clients zu den Benutzern eingeschränkt werden kann. Wenn Sie die Interoperabilität aktivieren, werden auf allen Citrix-Servern der Farm Einstellungen vorgenommen und Dienste neu gestartet. Während der Aktivierung kann es daher vorkommen, dass sich

Benutzer nicht neu mit den Citrix-Servern der Farm verbinden können. Bei aktivierter Interoperabilität werden Verbindungslizenzen nach Subnetzen verteilt zugewiesen.

## Metaframe XP-Einstellungen

Mit diesem Menü steuern Sie die Arbeit des Datensammelpunktes sowie die Kommunikation für den Verbindungsaufbau für die Benutzer. Ihnen stehen 4 verschiedene Optionen zur Verfügung, mit denen Sie diese Einstellungen vornehmen können.

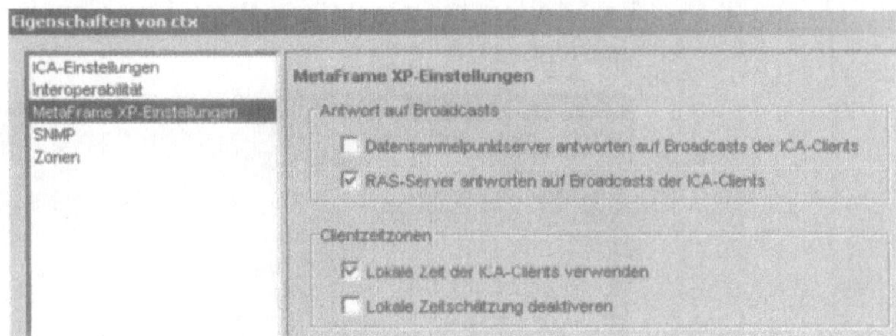

*Abb. 6.4: Metaframe XP-Einstellungen*

▶ *Datensammelpunktserver antworten auf Broadcasts der ICA-Clients.* Diese Option ist standardmäßig nicht aktiviert. Wenn Sie die Option aktivieren, antworten die Citrix-Server der Farm auf die UDP-Broadcasts der ICA-Clients. Viele Router und auch managed Switches lassen ohnehin keine Broadcasts zu, die ein Netzwerk stark belasten können, so dass Sie die Option ohne Sorge deaktiviert lassen können. Diese Option ist zum Beispiel sinnvoll, wenn die ICA-Clients nicht so konfiguriert sind, dass Sie Verbindung zu einem definierten Server aufbauen, sondern gezielt im Netzwerk nach Citrix-Servern suchen. Diese Option wurde hauptsächlich in Metaframe 1.8 verwendet.

▶ *RAS-Server antworten auf Broadcasts der ICA-Clients.* Wenn Sie diese Option aktivieren, antwortet der Citrix-Server, wenn sich Benutzer über RAS einwählen. Diese Option wird allerdings nur genutzt, wenn sich die Benutzer per RAS direkt auf dem Citrix-Server einwählen.

▶ *Lokale Zeit der ICA-Clients verwenden.* Diese Option ist standardmäßig aktiviert. Alle erstellten Dateien werden dadurch mit der Zeit gestempelt, die der Client übermittelt. Diese Option ist vor allem sinnvoll, wenn ihre Benutzer aus verschiedenen Zeitzonen Verbindung mit den Citrix-Servern aufbauen.

▸ *Lokale Zeitschätzung deaktivieren.* Nicht alle ICA-Clients übertragen Ihre Zeit sowie die Zeitzonen richtig. Aus diesem Grund kann der Citrix-Server anhand von Verbindungsinformationen die Zeit auf dem Clientrechner schätzen. Als Basis dient die Zeitzone des Citrix-Servers.

## SNMP

Sie können für eine Citrix-Farm komplett für alle Server SNMP aktivieren.

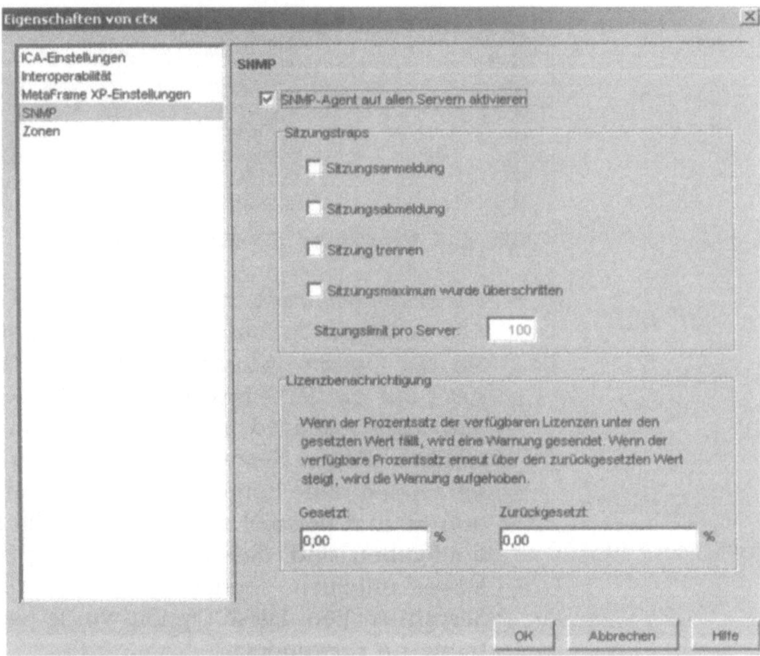

*Abb. 6.5: SNMP einer Citrix Farm*

Standardmäßig ist SNMP für die komplette Citrix-Farm nicht aktiv. Sie können hier SNMP aktivieren, oder für einzelne Citrix-Server SNMP separat aktivieren. Diese Aktivierung erfolgt in den Eigenschaften des jeweiligen Citrix-Servers. SNMP wird ausschließlich zusammen mit einem entsprechenden Management-Programm verwendet. Ich gehe daher hier nicht die einzelnen Einstellungen durch.

## Zonen

Zonen sind, wie bereits weiter vorne beschrieben, eine neue Funktionalität in Metaframe XP. Auf dieser Registerkarte legen Sie fest, welche Citrix-Server in welcher Zone laufen und wie die Prioritäten der Datensammelpunkte verteilt sind. Sie können auf dieser Registerkarte neue Zonen erstellen und erstellte Zonen löschen oder Server zwischen den Zonen verschieben. In jeder Zone muss es einen Datensammelpunkt geben. Wenn ein Sammelpunkt einer Zone nicht bekannt ist, werden hinter dem Zonennamen drei Fragezeichen gestellt.

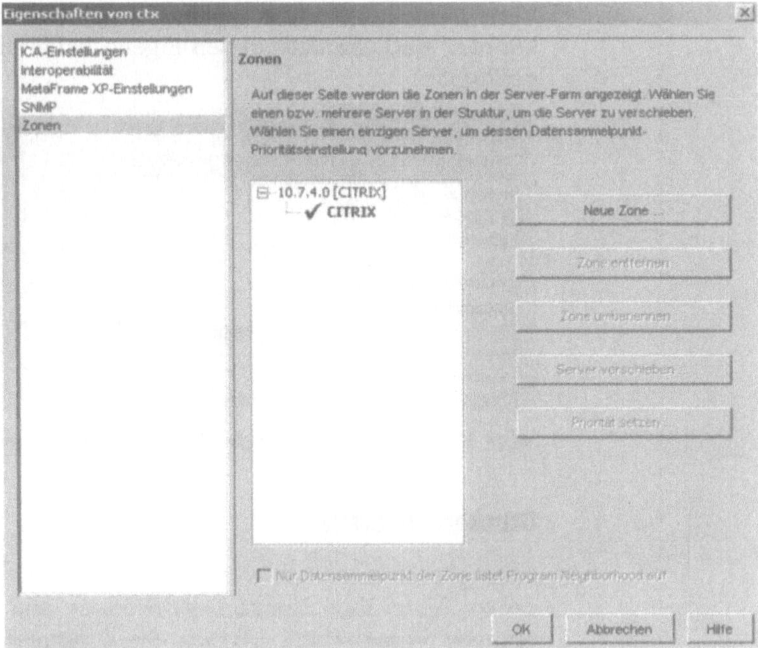

*Abb. 6.6: Konfiguration der Zonen einer Farm*

Sie sollten keine Server mit hoher Priorität zwischen Zonen verschieben, sondern vor dem Verschieben die Priorität eines Servers zunächst zurücksetzen. Der Datensammelpunkt kann, wie bereits weiter vorne beschrieben, dynamisch sein. Sie legen hier fest, wie die Priorität der jeweiligen Server sein soll. Dazu stehen Ihnen 4 verschiedene Stufen zur Verfügung:

▶ *Höchste Priorität.* Mit dieser Stufe wird der Server zum Datensammelpunkt konfiguriert. In jeder Zone sollten Sie nur einen Server mit der höchsten Priorität konfigurieren.

> *Priorität.* Server mit dieser Priorität werden als Datensammelpunkt verwendet, wenn der Server mit der höchsten Priorität nicht zur Verfügung steht.

> *Standardpriorität.* Mit dieser Einstellung wird der Server nur als Datensammelpunkt verwendet, wenn kein anderer Server mehr mit höchster oder Priorität zur Verfügung steht.

> *Keine Priorität.* Diese Server werden als letzte Option für den Datensammelpunkt verwendet.

## Eigenschaften eines Citrix-Servers

Viele Einstellungen, die Sie auf Ebene der Serverfarm vornehmen können, sind ebenfalls in den Eigenschaften der einzelnen Server verfügbar.

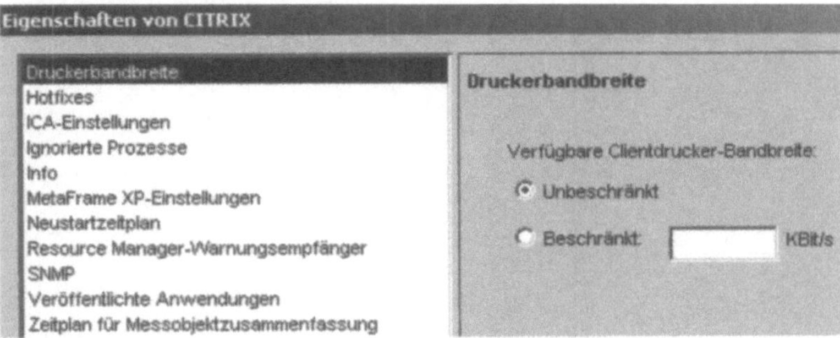


*Abb. 6.7: Konfiguration der Zonen einer Farm*

### Druckerbandbreite

Auch die Druckvorgänge von Benutzern kosten natürlich Bandbreite. Wenn Ihre Benutzer oft drucken und dabei große Datenmengen verursachen, können Sie Optimierungen beim Bedarf der Druckerbandbreiten vornehmen. Standardmäßig ist die Druckerbandbreite nicht eingegrenzt, das heißt, dass Druckvorgänge die gesamte Bandbreite der ICA-Sitzung veraendern können.

Sie können in diesem Fenster den Verbrauch der Druckerbandbreite eingrenzen.

### Hotfixes

Auf dieser Registerkarte werden Ihnen alle Citrix-Patches angezeigt, die auf dem Citrix-Server installiert sind.

### ICA-Einstellungen

Die ICA-Einstellungen sind die gleichen, die Sie in den Eigenschaften für die Serverfarm vornehmen können. Die hier vorge-
nommenen Einstellungen sind jedoch nur für den Server gültig,
auf dem Sie die Einstellungen vornehmen.

### Ignorierte Prozesse

Diese Option steht Ihnen nur zur Verfügung, wenn sie Citrix Metaframe XPe installiert haben und den Resource Manager mit installiert haben.

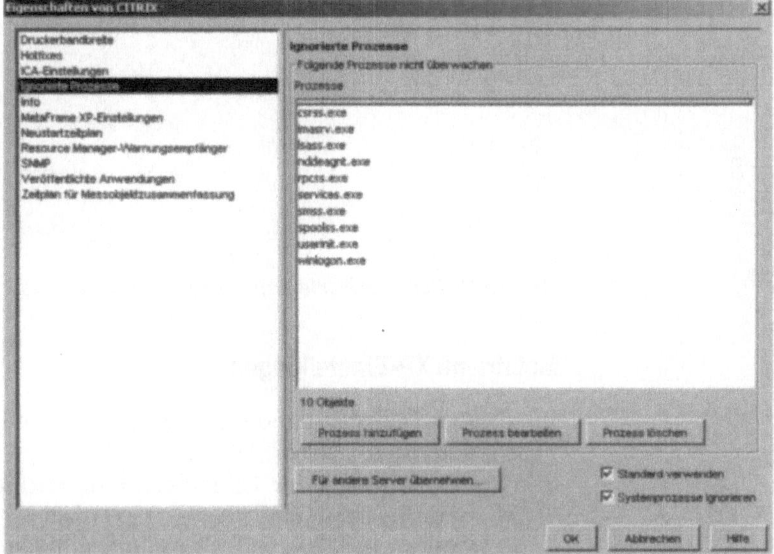

*Abb. 6.8: Konfiguration der Zonen einer Farm*

Hier können Sie Prozesse hinterlegen, die nicht durch den Resource Manager überwacht werden. Der Resource Manager kann
eine Serverfarm in Echtzeit überwachen. Aus diesem Grund kann
es sinnvoll sein, einige Prozesse zu ignorieren, da sonst eine zu
hohe Datenmenge zusammengestellt wird von Diensten, deren
Überwachung keinerlei Bedeutung für die Serverfarm haben.

### Info

Auf dieser Registerkarte werden Ihnen Informationen zusammengestellt, welche Software und Citrix-Version auf dem Termi-

nalserver installiert sind. Sie erhalten hier allgemeine Informationen über den Citrix-Server.

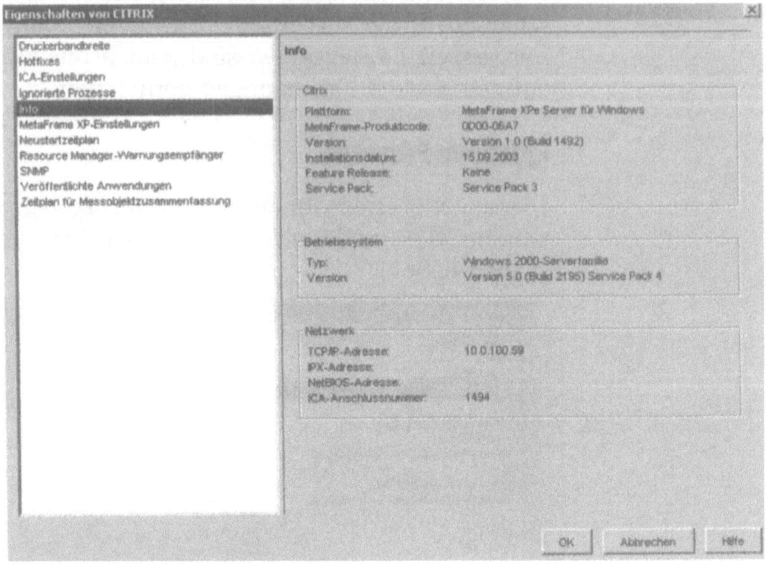

*Abb. 6.9: Registerkarte Info eines Citrix-Servers*

## Metaframe XP-Einstellungen

In diesem Fenster steuern Sie die Einstellungen des ICA-Browserdienstes. Dieser Dienst dient den Clients zum Verbindungsaufbau, wenn der Citrix-Server nicht direkt angesprochen wird, sondern der Aufbau über das Browsen des Netzwerkes durchgeführt werden soll. Sie können auf dem Server verschiedene Listener für die verschiedenen Protokolle erstellen. Listener „hören" im Netzwerk auf Anfragen der Clients und verbinden diese bei Bedarf. Sie können die Listener für die Netzwerkprotokolle deaktivieren, die Sie nicht in Ihrem Netzwerk einsetzen.

In diesem Fenster können Sie darüber hinaus zeitweilig die Anmeldung deaktivieren, damit Sie zum Beispiel Wartungsarbeiten durchführen können. Auch die Protokollierung von Spiegelungen wird hier aktiviert oder deaktiviert. Bei aktivierter Spiegelung werden alle Spiegelungsvorgänge im Ereignisprotokoll des Servers festgehalten.

*Hinweis*

Auf einem Windows Server 2003 können Sie keinen IPX-Listener erstellen, da Windows Server 2003 kein IPX mehr unterstützt, das gilt auch für das NetBIOS-Protokoll.

### Neustartzeitplan

Dieses Menü steht Ihnen zur Verfügung, wenn Sie Metaframe XPe mit dem Citrix Resource Manager lizenziert haben. Mit dieser Einstellung können Sie detailliert steuern, in welchem Intervall der Terminalserver automatisch durchgestartet werden soll und ob vorher eine Nachricht an alle Benutzer geschickt wird. Mit dem Neustartzeitplan stehen Ihnen einige Optionen mehr zur Verfügung als zum Beispiel mit dem shutdown-Befehl von Windows 2000 oder Windows 2003.

### Resource Manager Warnungsempfänger

Auch diese Option steht nur unter XPe mit dem Resource Manager zur Verfügung. Sie können auf diesem Fenster festlegen, welche Benutzer eine E-Mail erhalten sollen. Der Resource Manager unterstützt dabei leider kein SMTP, sondern Sie müssen mit Outlook ein MAPI-Profil erstellen.

### SNMP

Diese Einstellungen sind wir bereits bei der Einstellung für die gesamte Farm durchgegangen. Diese Einstellungen hier haben nur für diesen Server Gültigkeit.

### Veröffentlichte Anwendungen

Zu den veröffentlichten Anwendungen kommen wir später. Hier sehen Sie alle veröffentlichten Anwendungen, die auf diesem Server freigegeben sind.

### Zeitplan für Messobjektzusammenfassung

Auch dieses Fenster dient für die Konfiguration des Resource Managers. Sie legen hier fest, wann die einzelnen Objekte überwacht werden sollen.

### Veröffentlichte Anwendungen

Einer der Hauptvorteile von Citrix ist die Möglichkeit, einzelne Anwendungen zu veröffentlichen und nicht gleich den kompletten Desktop. Die Arbeit mit veröffentlichten Anwendungen sieht für Ihre Benutzer so aus, als ob sie lokal arbeiten, obwohl die Anwendung auf dem Citrix-Server läuft. Wenn Benutzer mit einer veröffentlichten Anwendung arbeiten, besteht nur wenig Gefahr, dass versehentlich Einstellungen auf dem Citrix-Server durch die Benutzer verändert werden.

Veröffentlichte Anwendungen erfordern keine Konfigurationsänderungen bei den Clients. Sie können veröffentlichte Anwendungen auch in Gruppen ordnen, damit bei einer hohen Anzahl von veröffentlichten Anwendungen den Benutzern dennoch alle übersichtlich zur Verfügung stehen.

Auf diesem Knoten können Sie alle Konfigurationen vornehmen, die für veröffentlichte Anwendungen eine Rolle spielen. Dazu gehören das Erstellen von neuen veröffentlichten Anwendungen, das Löschen, die Konfiguration der Citrix-Server, auf denen diese Anwendungen laufen. Sie können hier veröffentlichte Anwendungen umbenennen, Berechtigungen erteilen und die Eigenschaften der veröffentlichten Anwendungen ändern.

*Hinweis*

Bevor Sie Anwendungen veröffentlichen können, müssen Sie natürlich auch welche auf dem Citrix-Server installieren. Wie Sie Software auf einem Terminal-Server installieren können erfahren Sie weiter vorne im Kapitel Installation unter der Unterschrift des Change User-Befehles. Um eine Anwendung auf einem Terminal-Server zu installieren, müssen Sie immer über den Menüpunkt Software der Systemsteuerung gehen, oder vorher mit dem genannten Tool arbeiten. Heutzutage sind eigentlich fast alle Anwendungen kompatibel zum Terminal-Server, testen Sie vorher jedoch Ihre Anwendungen unter normalen Benutzerrechten.

Bei der Installation von Microsoft Office-Produkte müssen Sie einiges beachten, dazu habe ich im oben genannten Kapitel die Artikel in der Microsoft Knowledgebase benannt. Bei der Installation von Office XP (2002) und Office 2003 auf einem Terminal-Server müssen Sie keine besonderen Vorkehrungen treffen, bei Office 97 und 2000 sieht das etwas anders aus.

## Veröffentlichen einer Anwendung

Um eine Anwendung zu veröffentlichen, klicken Sie mit der rechten Maustaste auf den Menüpunkt Anwendungen und wählen Anwendung veröffentlichen.

*Tipp*

Wenn Sie Citrix Metaframe XP in einer gemischten Umgebung mit Citrix Metaframe 1.8 betreiben, sollten Sie veröffentlichte Anwendungen zunächst unter Metaframe 1.8 veröffentlichen.

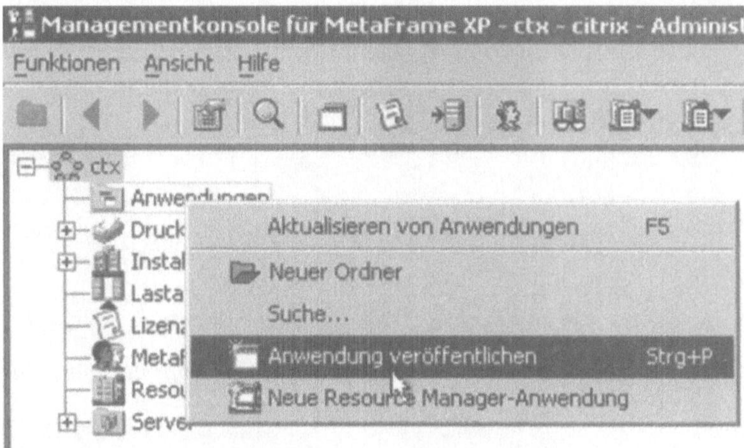


*Abb. 6.10: Veröffentlichen einer neuen Anwendung*

Es öffnet sich ein Assistent, mit dessen Hilfe Sie die veröffentlichte Anwendung konfigurieren. Im ersten Fenster des Assistenten legen Sie den Anzeigename der Anwendung fest. Die Anwendung wird mit diesem Namen in der Citrix Program Neighborhood und der Weberweiterung von Citrix (alter Name: Nfuse) angezeigt. Wenn Sie eine Beschreibung angeben, wird diese Anzeige zusätzlich angezeigt.

*Tipp*

Tragen Sie als Bezeichnung und Anzeigename nicht den gleichen Begriff ein. Da diese beiden Begriffe gleichzeitig untereinander angezeigt werden, sieht das für die Anwender weniger gut aus.

Nachdem Sie einen Namen und eine Beschreibung angegeben haben, können Sie auf die nächste Seite des Assistenten wechseln.

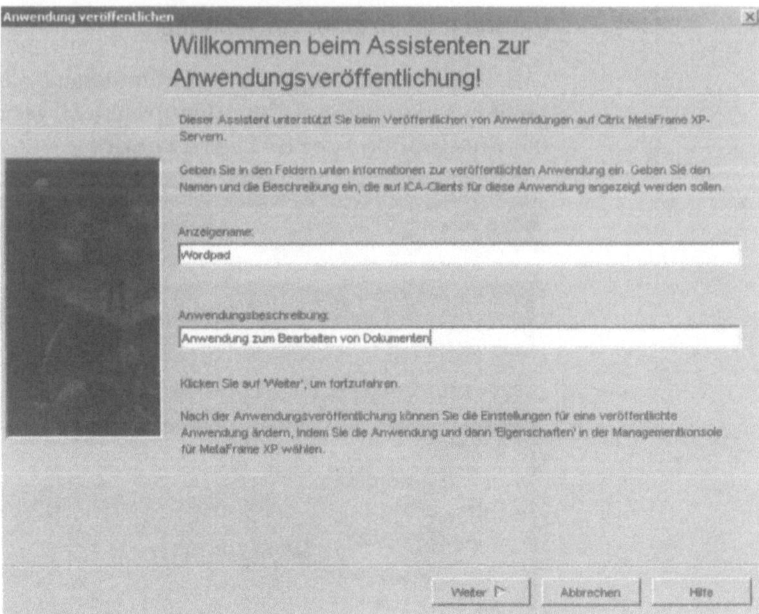


*Abb. 6.11: Assistent für das Veröffentlichen einer Anwendung*

*Hinweis*    Der Anzeigename darf in jedem Anzeigeordner nur einmal vorkommen und darf höchstens 256 Zeichen beinhalten.

Auf dem nächsten Fenster legen Sie fest, in welchem Verzeichnis die veröffentlichte Anwendung gespeichert ist. Später konfigurieren wir noch mit Hilfe dieses Assistenten auf welchen Citrix-Server die veröffentlichte Anwendung freigegeben ist. Das heißt, dass Sie innerhalb einer Serverfarm festlegen können, dass manche Software die eine, andere wiederum eine andere veröffentlichte Anwendung hosten. Dadurch erreichen Sie eine weitere Möglichkeit des Lastenausgleiches.

*Hinweis*    Wenn Sie eine veröffentlichte Anwendung auf mehrere Citrix-Server verteilen wollen, müssen Sie beachten, dass die Anwendung auf jedem Citrix-Server im exakt gleichen Pfad installiert ist. Sie legen beim Erstellen der veröffentlichten Anwendung fest, in welchem Verzeichnis sich die Startdatei befindet. Dieser Pfad gilt dann für alle Citrix-Server, die mit dieser Anwendung arbeiten sollen und kann nicht für einzelne Server angepasst werden. Wenn Sie jedoch das Citrix Servicepack 3 einsetzen, können Sie auf einer späteren Seite des Assistenten Änderungen diesbezüglich vornehmen. Diese Option steht allerdings erst mit Citrix Metaframe Servicepack 3 zur Verfügung.

Wenn Sie eine Anwendung in verschiedene Verzeichnisse installiert haben, können Sie auch einfach eine weitere veröffentlichte Anwendung erstellen, die ausschließlich auf diesen Server zeigt.

Verteilte veröffentlichte Anwendungen werden nur mit XPa und XPe unterstützt. Citrix XPs unterstützt kein Load Balancing.

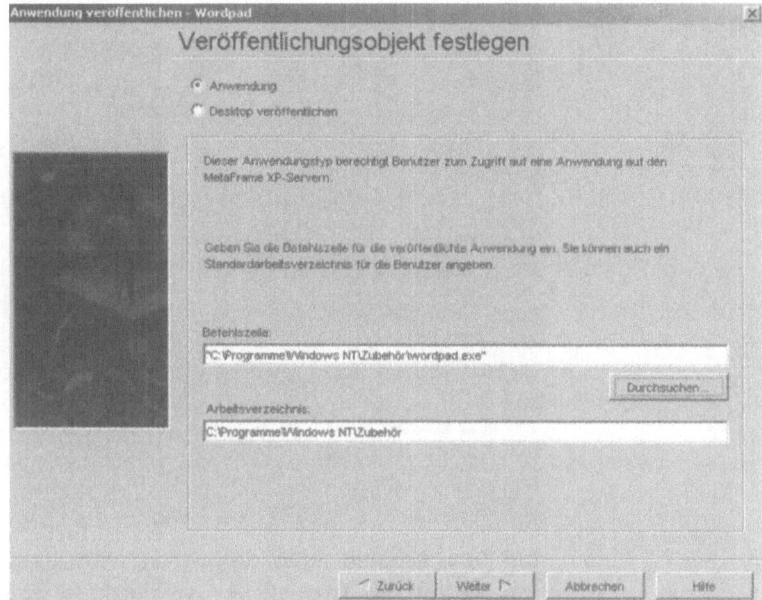


*Abb. 6.12: Befehlszeile für eine veröffentlichte Anwendung*

Auf diesem Fenster können Sie anstatt einer Anwendung auch den kompletten Desktop des Servers veröffentlichen. Dies macht Sinn, wenn Ihre Benutzer mit einer Vielzahl an Anwendungen arbeiten müssen und die Veröffentlichung von vielen Anwendungen zuviel Aufwand ist. Auch für die Administration des Servers durch die Citrix-Administratoren kann es sinnvoll sein, zumindest für die Admins, eine Veröffentlichung des Desktops durchzuführen.

*Tipp*

Wenn Sie Anwendungen veröffentlichen wollen, deren Pfad Leerzeichen enthält, müssen Sie die Befehlszeile in Anführungszeichen schreiben („).

Im Arbeitsverzeichnis werden keine Benutzerdaten gespeichert, sondern lediglich Arbeitsdaten der Anwendung.

Nachdem Sie festgelegt haben, in welchem Verzeichnis die ausführende Datei gespeichert ist und in welchem Verzeichnis das Arbeitsverzeichnis ist, können Sie auf die nächste Seite des Assistenten wechseln.

*Tipp*

Viele Anwendungen erfordern für die stabile Arbeit auf einem Terminal-Server bestimmte Startparameter oder Optionen, die ausgeführt werden sollen. Dies kann zum Beispiel die Angabe eines temporären Verzeichnisses sein, in dem Benutzer die Sitzungsdaten speichern oder ODBC-Verbindungen, die zunächst automatisiert aufgebaut werden sollen. In einem solchen Fall bietet es sich an, eine Batch-Datei zu erstellen, in der alle Befehle und Schalter ausgeführt werden und die Anwendung mit dieser Batch-Datei zu veröffentlichen.

Vor allem im Bereich Datawarehouse-Clients und der Arbeit mit Management Information Systemen, wie zum Beispiel MIS Decisionware oder Alea ist hier einiges zu tun, bevor die Anwendung läuft.

Standardanwendungen erfordern keinerlei Anpassungen. Die genannten Schritte haben nur für komplexe, vielleicht selbst entwickelte Anwendungen Bedeutung.

Auf der nächsten Seite des Assistenten legen Sie Einstellungen fest, die für die Anzeige der Anwendung in der Program Neighborhood gelten.

Innerhalb des Fensters im Assistenten zur Erstellung einer neuen veröffentlichten Anwendung können Sie auch das Icon ändern, mit dem diese Anwendung angezeigt werden soll. Zusätzlich können Sie das Icon im Startmenü und auf dem Desktop des Benutzers ablegen. Dies hat den Vorteil, dass der Benutzer bei der nächsten Anmeldung einfach mit Doppelklick die Anwendung starten kann, genauso als ob sie lokal installiert wäre.

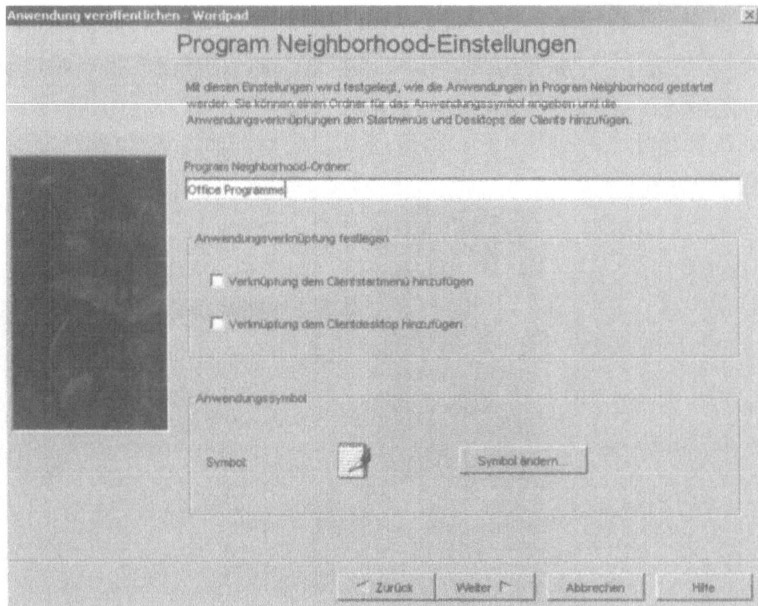

*Abb. 6.13: Anzeige der Anwendung für die Clients*

Sie können hier einen Ordner eintragen, in dem die veröffentlichte Anwendung in der Webschnittstelle oder des ICA-Clients
angezeigt wird. Leider gibt es keine Möglichkeit die Anzeige für
mehrere Anwendungen mit Drag and Drop zu übernehmen,
sondern Sie müssen für alle Anwendungen, die im gleichen
Ordner angezeigt werden sollen, exakt die gleiche Beschreibung
angeben.

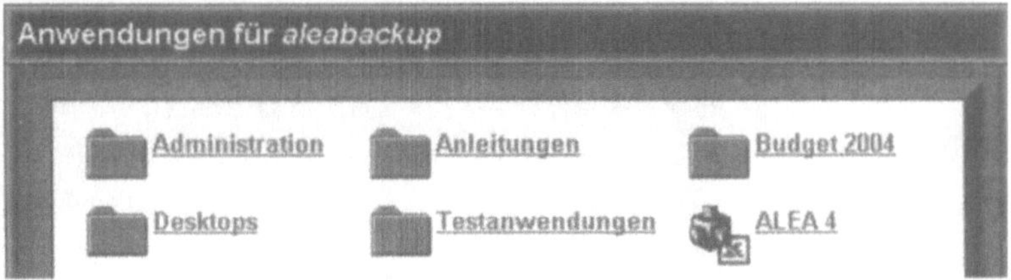


*Abb. 6.14: Anzeige der Anwendung für die Clients*

In der oberen Abbildung sehen Sie, wie die konfigurierten Ordner später in der Webschnittstelle angezeigt werden.

Auf der nächsten Seite des Assistenten legen Sie fest, wie die ge-
startete Anwendung beim Client angezeigt werden wird.

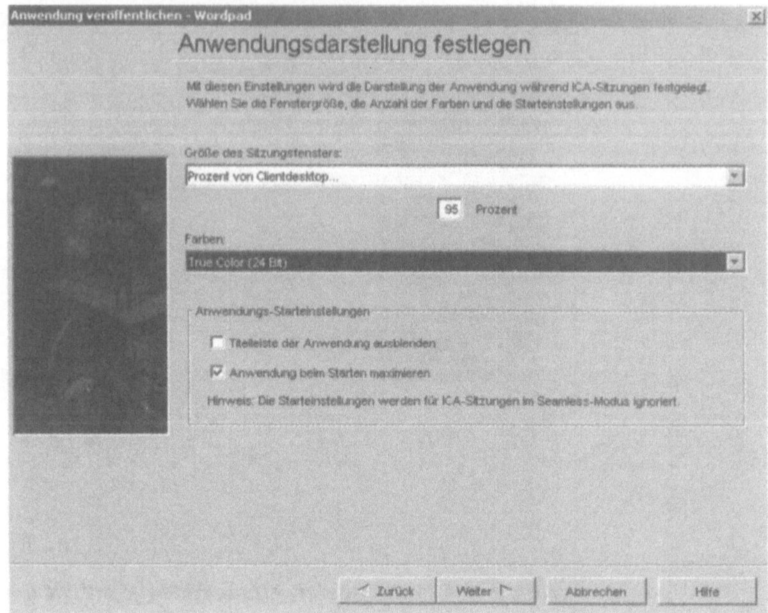

*Abb. 6.15: Anwendungsdarstellung*

Sie können hier festlegen, in welcher Auflösung die Anwendung angezeigt wird, oder wieviel Prozent des Clientdesktops zur Anzeige verwendet werden soll.

*Tipp*

Verwenden Sie am besten immer die Option Prozent von Clientdesktop, da bei zahlreichen Anwendern viele verschiedene Auflösungen verwendet und so Anwendungen entweder zu groß oder zu klein dargestellt werden, wenn Sie eine feste Größe angeben.

Wenn Sie die beiden Optionen Titelleiste der Anwendung ausblenden und Anwendung beim Starten maximieren wählen, können Sie verhindern, dass Benutzer die Anwendung im Sitzungsfenster minimieren oder schließen können und dann Zugriff auf den Desktop erhalten.

Auf der nächsten Seite legen Sie fest, ob Audiodaten von der Anwendung zum Client übertragen werden sollen und ob die Verbindung mit SSL aufgebaut werden soll. Auch die Verschlüsselungsstufe legen Sie hier fest.

*Hinweis*

Wenn Sie eine Verbindung mit einer stärkeren Verschlüsselung aufbauen, wirkt sich dies auch die Performance des Clients aus. Auch die Übertragung von Audiosignalen erfordert unnötige Bandbreite.

Alle Verschlüsselungsvarianten über den Standard `Basic` erfordern den Citrix-Client ab Version 6.0.

Wenn Sie die Option `Mindestanforderung` aktivieren, werden Audiodaten nur an Clients übertragen, die über eine Soundkarte verfügen.

## Verschlüsselung

Ihnen stehen für die Verschlüsselung 5 Stufen zur Verfügung:

▸ *Basic.* Mit dieser Variante, wird der Datenstrom zwar einfach verschlüsselt, kann aber prinzipiell entschlüsselt werden.

▸ *128 Bit – Nur für Anmeldung.* Mit dieser Einstellung, werden die Anmeldedaten mit 128 Bit verschlüsselt, die spätere Datenübertragung zwischen Client und Server jedoch mit `Basic`.

▸ *40, 56, 128-Bit.* Mit diesen Varianten werden alle Daten entsprechend der Auswahl mit RC5 und der ausgewählten Bittiefe verschlüsselt.

Wenn Sie einen Verschlüsselungsgrad ausgewählt haben, können Sie zusätzlich die Option `Mindestanforderung` aktivieren. Dadurch können Anwender nur Verbindung zu dieser veröffentlichten Anwendung aufbauen, wenn Ihr Client den konfigurierten Schlüssel unterstützt.

Auf der nächsten Seite des Assistenten legen Sie fest, auf welchen Citrix-Servern die Anwendung zur Verfügung gestellt wird. Benutzer werden dann zu dem Server verbunden, der die geringste Auslastung hat. Diese Option steht nur zur Verfügung, wenn Sie Citrix Metaframe mit Load Balancing lizenziert haben, also Citrix XPa und XPe.

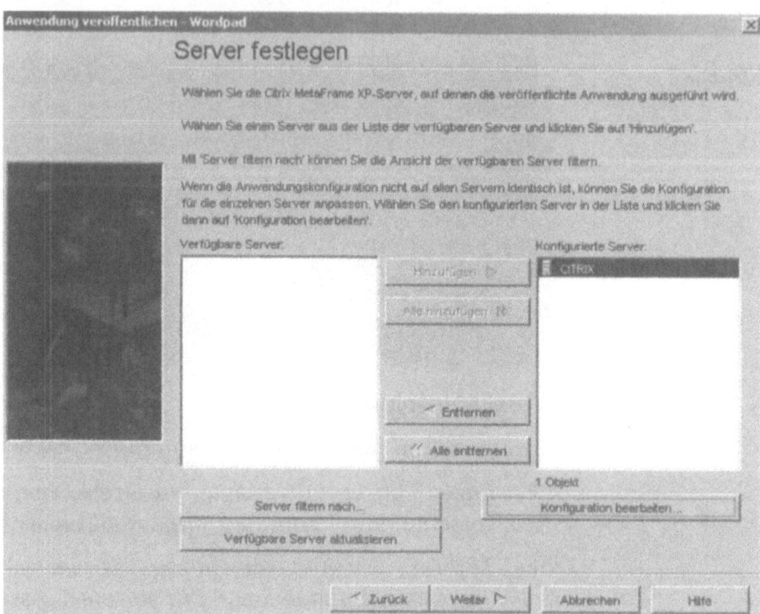

*Abb. 6.16: Serverauswahl für die veröffentlichte Anwendung*

Mit Hilfe der Schaltfläche Konfiguration bearbeiten, die
ab dem Citrix Servicepack 3 zur Verfügung steht, können Sie den
Standort der veröffentlichten Anwendung auf den einzelnen Servern bearbeiten.

Bei einer großen Anzahl von Citrix Servern können Sie die Server auch filtern lassen, die Sie für die Anwendung verwenden.
Ich denke allerdings, dass diese Option eher selten verwendet
wird.

Auf der nächsten Registerkarte legen Sie schließlich fest, welche
Benutzer Zugriff auf diese Anwendung haben sollen. Wenn der
Citrix-Server Mitglied einer Windows Domäne oder einer NDS
ist, legen Sie am besten für jede veröffentlichte Anwendung, die
spezielle Zugriffsrechte benötigt, eine eigene NT Gruppe an.
Diese Gruppe können Sie dann hier hinterlegen. Nur Benutzer,
die Sie hier angeben bzw. Mitglieder von Gruppen, die hier konfiguriert sind, bekommen die veröffentlichte Anwendung angezeigt. Sie können auch anonyme Benutzer zugreifen lassen,
wenn eine Anwendung weniger kritisch ist und eine Anmeldung
unnötig wäre. Auf jedem Citrix-Server werden 15 anonyme Benutzer lokal erstellt, mit denen sich Clients ohne Anmeldung
verbinden dürfen. Die Benutzer müssen sich zwar an der Web-

schnittstelle oder der Program Neighborhood anmelden, aber nicht mehr an der veröffentlichten Anwendung.

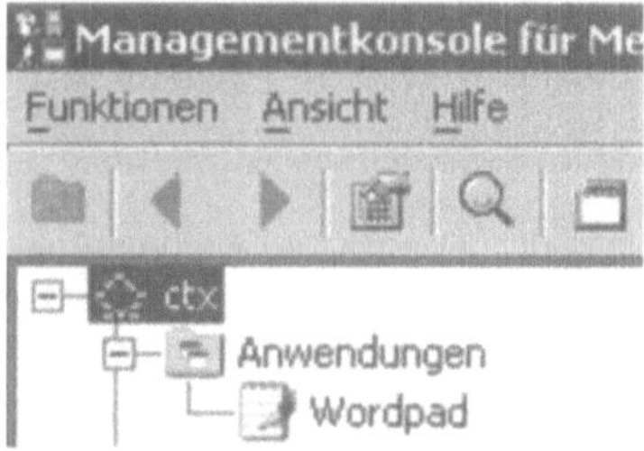

*Abb. 6.17: Benutzerzugriff steuern*

*Hinweis*

Wenn Sie Citrix Metaframe auf einem Domänencontroller installieren, was ohnehin nicht empfohlen wird, können keine anonymen Benutzer konfiguriert werden, da Windows keine anonyme Anmeldung an einem Domänencontroller erlaubt.

Nachdem Sie die Benutzer ausgewählt haben, die Verbindung zu dieser Anwendung aufbauen dürfen, können Sie mit der Schaltfläche Fertig stellen den Assistenten beenden. Die Anwendung wird jetzt erstellt und in der Management-Konsole angezeigt.

*Abb. 6.17: Neue veröffentlichte Anwendung*

## Verwalten von veröffentlichten Anwendungen

Nachdem Sie eine veröffentlichte Anwendung erstellt haben, können Sie diese nachträglich noch verwalten. Die Verwaltung von öffentlichen Anwendungen findet ausschließlich in der Management-Konsole statt. Benutzer und Administratoren können zwar Einstellungen in ihrer Program Neighborhood vornehmen, diese haben aber ausschließlich lokale Auswirkungen.

*Hinweis*

Die Daten der veröffentlichten Anwendungen werden im Datenspeicher der Citrix-Farm gespeichert.

## Deaktivieren einer veröffentlichten Anwendung

Sie können in den Eigenschaften einer veröffentlichten Anwendung alle Konfiguration abändern, die Sie während der Erstellung eingegeben haben. Ich gehe daher nicht näher auf die einzelnen Optionen ein, da diese bereits bekannt sind.

*Tipp*

Wenn Sie eine veröffentlichte Anwendung zeitweise deaktivieren wollen, rufen Sie deren Eigenschaften auf und aktivieren die Option Anwendung deaktivieren auf der Registerkarte Anwendungsname.

Wenn Sie die Anmeldung von Benutzern auf einem Citrix-Server deaktivieren wollen, können Sie das in den Eigenschaften des Citrix-Servers auf der Registerkarte Metaframe XP-Einstellungen durchführen.

*Hinweis*

Wenn Sie die Anmeldung auf einem Citrix-Server deaktivieren und Sie eine veröffentlichte Anwendung für mehrere Citrix-Server erstellt haben, steht die Anwendung weiterhin in der Farm zur Verfügung. Benutzer, die sich neu anmelden, werden jedoch auf die anderen Citrix-Server verteilt. Bei der Deaktivierung einer veröffentlichten Anwendung wird diese weiterhin in der Programm Neighborhood und der Webschnittstelle angezeigt. Wenn sich Benutzer anmelden wollen, erhalten Sie eine entsprechende Fehlermeldung:

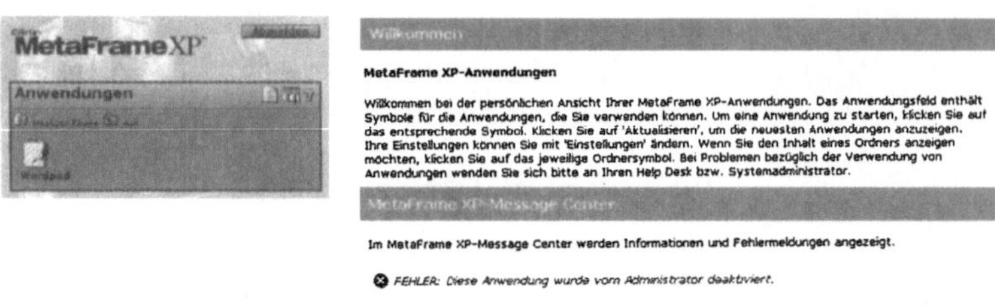

*Abb. 6.18: Neue veröffentlichte Anwendung*

Wenn Sie mit der rechten Maustaste auf eine veröffentlichte Anwendung klicken, erscheinen Ihnen, außer den Eigenschaften weitere Optionen, die Ihnen zur Verfügung stehen.

## Kopieren einer Anwendung

Wenn Sie mehrere Anwendungen veröffentlichen, deren Eigenschaften ähnlich zueinander sind, bietet es sich an, die erste mit dem beschriebenen Assistenten zu erstellen und die weiteren zu kopieren.

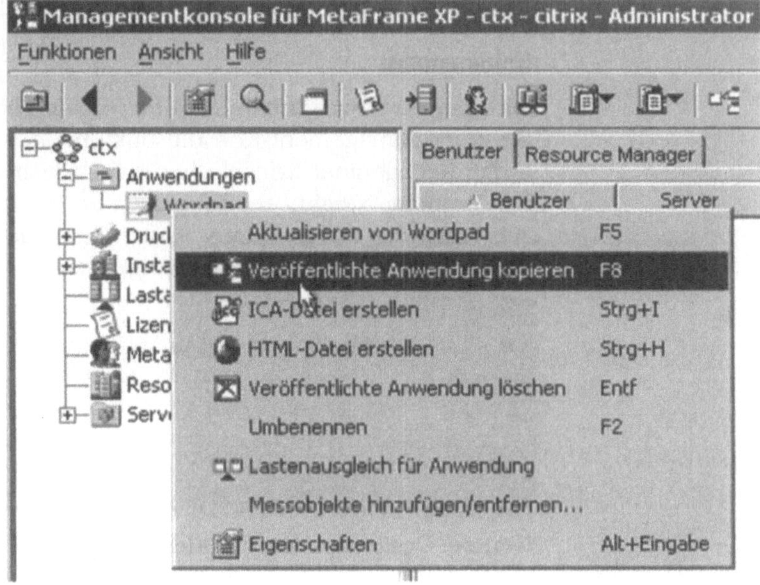

*Abb. 6.19: Veröffentlichte Anwendung kopieren*

Eine kopierte veröffentlichte Anwendung erhält komplett die identischen Einstellungen der Quell-Anwendung, die Sie an Ihre Bedürfnisse anpassen können.

### ICA- und HTML-Datei erstellen

Mit Hilfe dieser beiden Optionen können Sie eine entsprechende Datei erstellen, mit deren Hilfe Benutzer sofort mit Doppelklick auf die entsprechende Anwendung verbunden werden. Diese Datei können Sie zum Beispiel per E-Mail versenden oder in ein Intranet stellen. Sie sollten diese Option nur in Ausnahmefällen verwenden und eher den Weg über die Webschnittstelle oder der Citrix Program Neighborhood wählen, da das deutlich effizienter ist, als für jede Anwendungen eigene Dateien zu erstellen. Im einen oder anderen Fall, den Sie abschätzen sollten, kann die Erstellung einer entsprechenden ICA- oder HTML-Datei sinnvoll sein, wenn zum Beispiel ein Anwender nur eine Anwendung aus der Farm braucht.

### Veröffentlichte Anwendung löschen

Mit dieser Option wird die veröffentlichte Anwendung aus der Farm entfernt und kann nicht wiederhergestellt werden.

### Umbenennen

Mit dieser Option können Sie eine veröffentlichte Anwendung in der Citrix Management-Konsole umbenennen. Der Anzeigename in der Management-Konsole hat jedoch nichts mit der Ansicht in der Program Neighborhood oder der Webschnittstelle zu tun. Hier legen Sie lediglich den Namen fest, wie die Anwendung in der Management-Konsole angezeigt werden soll.

*Tipp*

Diese Option ist ähnlich der Option Neuer Ordner, wenn Sie auf den Menüpunkt Anwendungen mit der rechten Maustaste klicken. Sie können bei einer großen Anzahl von öffentlichen Anwendungen diese in der Management-Konsole nach Ordnern sortieren lassen. Diese Ordner haben keinerlei Auswirkungen auf die Clients, sondern dienen lediglich der Übersicht in der Citrix Management-Konsole.

Weitere Optionen der veröffentlichten Anwendungen sind die Konfiguration der Lastenausgleichprogramme und der Messobjekte des Resource Managers. Zu den Lastenausgleichprogrammen kommen wir weiter hinten in diesem Buch.

## Druckerverwaltung

Drucker und Citrix sind schon immer ein besonderes Thema gewesen. Citrix hat in der Version Metaframe XP einiges bezüglich der Druckerverwaltung geändert und verbessert. Drucker werden jetzt nicht mehr, wie bei Metaframe 1.8, über ini-Dateien gepflegt, sondern in der Citrix Management-Konsole. Ihnen steht dazu ein weiteres eigenes Menü zur Verfügung.

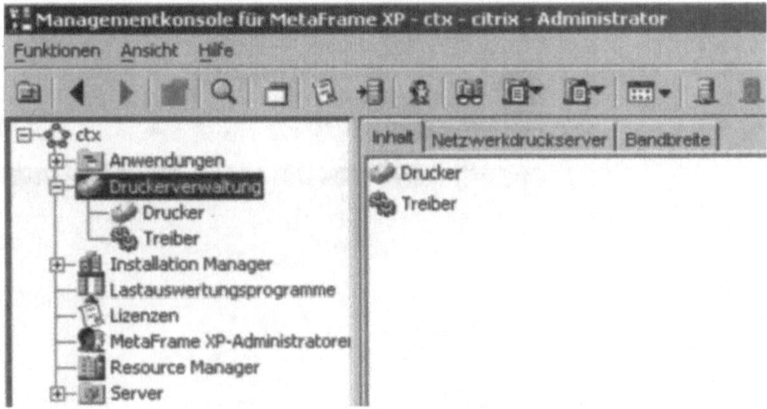

*Abb. 6.19:Druckerverwaltung in Metaframe XP*

Im ersten Menü, Drucker, werden Ihnen alle Drucker der Serverfarm angezeigt, die derzeit konfiguriert sind. Sie können in den Eigenschaften jedes Druckers festlegen, dass bestimmte Benutzer beim Verbindungsaufbau zu der Serverfarm bestimmte Drucker automatisch verbunden werden sollen. Wenn sich Benutzer mit einem Citrix-Server verbinden, die lokal einen Drucker angeschlossen haben, wird dieser Drucker in der Metaframe-Sitzung zur Verfügung gestellt, wenn er erkannt wird. Es werden allerdings leider standardmäßig nicht alle Drucker sofort erkannt, so dass Sie zunächst überprüfen sollten, ob der entsprechende Druckertreiber auf dem Citrix-Server zur Verfügung steht. Sie müssen dafür sorgen, dass der Druckertreiber für einen Drucker auf allen Citrix-Servern zur Verfügung steht, mit dem sich ein Benutzer verbindet, der diesen Drucker lokal angeschlossen hat.

Befindet sich der entsprechende Druckertreiber nicht auf den Citrix-Server, sollten Sie diesen zunächst auf dem Server installieren.

*Tipp*

Achten Sie darauf, dass der Druckertreiber auf dem Clientrechner und dem Server möglichst übereinstimmt. In einigen Fällen werden Drucker nicht verbunden, wenn auf dem Clientrechner und dem Server verschiedene Treiberstände installiert sind.

Sie sollten nur in Ausnahmefällen Druckertreiber von Drittherstellern auf dem Server installieren, sondern möglichst immer Druckertreiber, evtl. auch von kompatiblen Druckern, direkt aus Windows verwenden.

Auch die Anzahl der Druckertreiber sollten Sie im Rahmen halten, da ab einer gewissen Anzahl Druckertreiber auf einem Server, das System instabil wird bzw. Drucker nur noch fehlerhaft oder gar nicht verbunden werden.

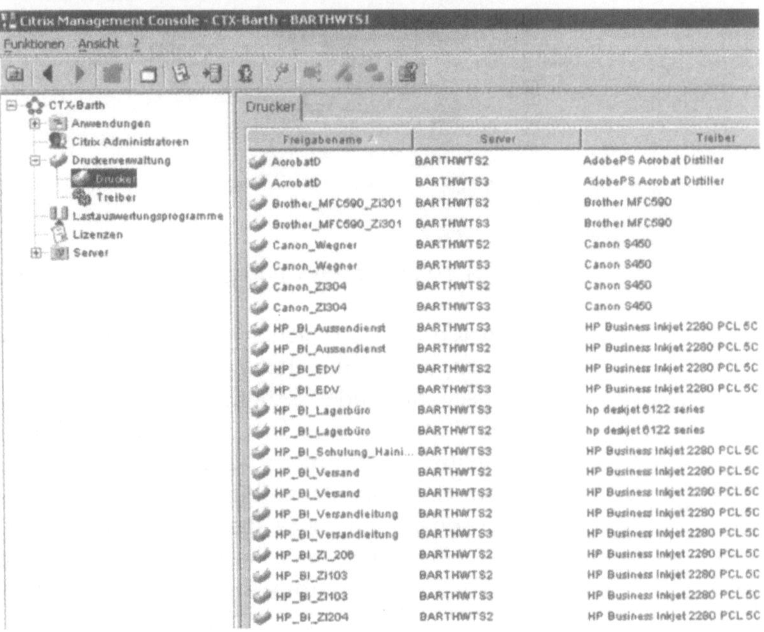

*Abb. 6.20:Druckerverwaltung in Metaframe XP*

## Hinzufügen eines lokalen Druckertreibers

Damit ein Druckertreiber in Citrix zur Verfügung steht, muss er zunächst in Windows installiert werden. Gehen Sie dazu in die Systemsteuerung auf dem Citrix-Server und gehen in das Menü Drucker. Gehen Sie dann zu Datei und dann zu Servereigenschaften.

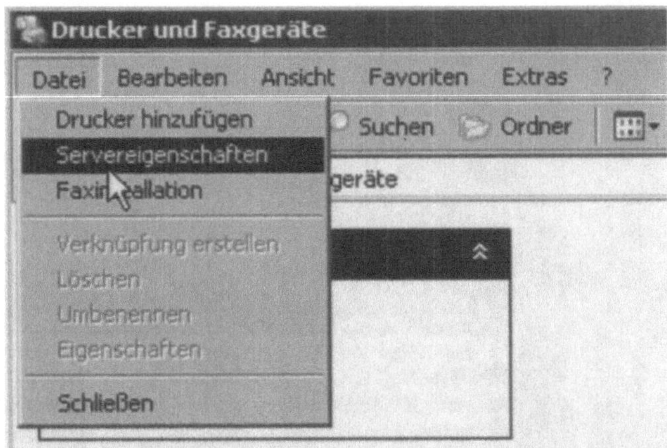


*Abb. 6.21:Treiberinstallation auf Windows Servern*

In den Servereigenschaften des Servers können Sie jetzt mit Hilfe der Registerkarte Treiber zusätzliche Druckertreiber dem Server hinzufügen, ohne tatsächlich den physikalischen Drucker angeschlossen zu haben.

Wenn sich jetzt Benutzer mit diesem Citrix-Server verbinden, die den installierten Drucker angeschlossen haben, wird dieser Drucker mit der Sitzung des Benutzers verbunden und steht zur Verfügung. Nachdem sich der Benutzer abgemeldet hat und die Druckerwarteschlange dieses Druckers keine Drucker mehr enthält, wird der Clientdrucker aus der Serverfarm gelöscht und beim nächsten Verbinden wieder erstellt.

## Replikation von Druckertreibern

Wenn Sie auf einem Rechner einen Druckertreiber installieren, werden Dateien auf den Rechner kopiert und Registry-Einstellungen und Änderungen an den Systemdateien durchgeführt. Wenn Sie mehrere Citrix-Server in einer Farm verwalten, müssen Sie den oben beschrieben Vorgang für jeden Citrix-Server wiederholen. Da dies bei einer bestimmten Anzahl an Servern kaum mehr Sinn macht, bietet Citrix die Möglichkeit, einmal installierte Druckertreiber auf einem Citrix-Server in der Farm replizieren zu lassen. Dazu sollte allerdings auch gesagt sein, dass gerade die Replikation von Druckertreibern von Drittherstellern nicht immer sauber funktioniert.

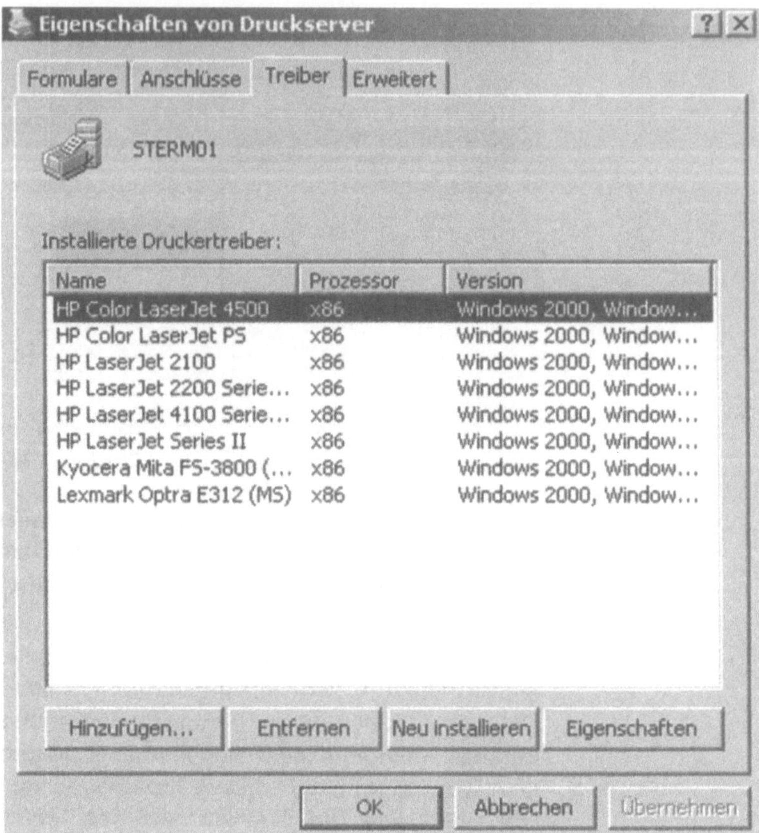

*Abb. 6.22:Treiberinstallation weiterer Treiber  in Windows Server*

Sie finden entsprechende Meldungen in der Ereignisanzeigen auf dem Citrix-Server. Wenn die Replikation nicht einwandfrei funktioniert und entsprechende Meldungen in den Ereignisanzeigen der Citrix-Server erscheinen, sollten Sie den Druckertreiber manuell installieren.

Um einen Druckertreiber zu replizieren, klicken Sie in der Druckerverwaltung im Menü Treiber mit der rechten Maustaste auf den entsprechenden Treiber und wählen Treiber replizieren aus. Im nächsten Fenster können Sie nun auswählen, auf welche anderen Citrix-Server dieser Farm der Druckertreiber repliziert werden soll. Im nächsten  Fenster können Sie festlegen, ob der Treiber automatisch repliziert werden soll und ob evtl. vorhandene Dateien überschrieben werden. Es können jedoch nur Druckertreiber repliziert werden, die lokal auf dem Citrix-

Server installiert wurden, die Replikation von Netzwerkdrucker-treiber ist nicht möglich.

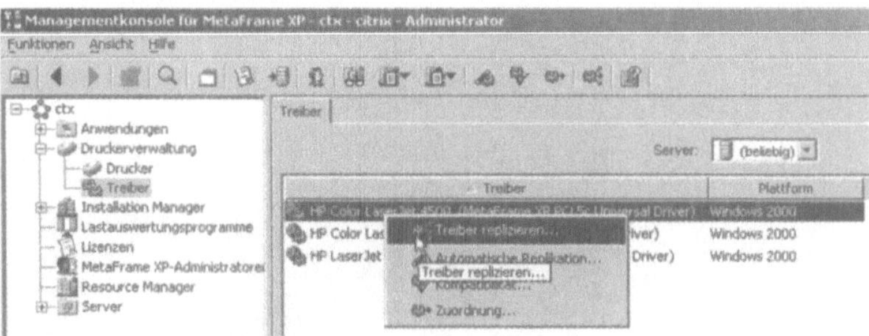

*Abb. 6.23:Treiberreplikation*

Sie können im gleichen Menü außer der Treiberreplikation auch die automatische Replikation aktivieren. Hier können Sie steuern, dass Druckertreiber eines Servers automatisch auf die anderen Citrix-Server der Farm repliziert werden. Sie können dieser automatischen Replikationsliste beliebige Treiber hinzufügen und diese wieder entfernen.

## Importieren von Netzwerkdruckern

Zusätzlich bietet Citrix noch die Möglichkeit, den Benutzern Drucker zur Verfügung zu stellen, die nicht lokal an den Clients angebunden sind, sondern an einem Druckserver, auf den der Citrix-Server zugreifen kann. Dazu können entweder die Clients in Ihrer Sitzung direkt Verbindung zum Druckserver aufbauen, wie bei normalen Clientrechnern auch, oder der Citrix-Administrator importiert den Druckserver in Metaframe. Um einen Netzwerkdrucker zu importieren, klicken Sie mit der rechten Maustaste auf den Menüpunkt Druckerverwaltung und wählen die Option Netzwerkdruckserver importieren aus. Im darauf erscheinenden Fenster geben Sie den Druckserver an, mit dem Sie sich verbinden wollen und authentifizieren sich als Benutzer, der das Recht hat, auf den Druckserver zuzugreifen.

*Hinweis*

Sie können hier den Namen oder die IP-Adresse des Druckservers angeben. Vor dem eigentlichen Namen oder der IP-Adresse müssen Sie noch 2 Backslashes stellen (\\).

Nachdem Sie sich verbunden haben, werden die Drucker dieses Druckservers in die Citrix-Farm integriert und stehen Benutzern zur Verfügung.

Netzwerkdruckserver importieren

Geben Sie den Namen eines Netzwerkdruckservers außerhalb der Farm ein:

Server:  \\10.0.1.30

Geben Sie Benutzerinformationen für den Zugriff auf den Server ein.

☐ MetaFrame XP-Administrator-Anmeldeinformationen verwenden

Verbunden als:  nt\admin

Kennwort:  ****

OK    Abbrechen    Hilfe

*Abb. 6.24:Importieren eines Druckservers*

## Zuordnung von Druckertreibern

In zahlreichen Fällen ist es jedoch nicht notwendig, einen Druckertreiber zu installieren oder einen Netzwerdruckserver zu importieren. Es gibt zusätzlich die Möglichkeit, Druckertreiber zuzuweisen. Eine Zuweisung ist im Endeffekt nichts anderes als die Umleitung eines Druckers auf einen anderen Treiber. Diese Konfiguration wurde in Metaframe 1.8 noch durch das Bearbeiten der Datei WTSPRNT.INF durchgeführt, was sehr umständlich und fehlerträchtig war.

*Hinweis*

Das Bearbeiten der Datei WTSPRNT.INF ist unter Citrix Metaframe nicht mehr notwendig und auch nicht empfohlen. Alle Änderungen der Druckersteuerung sollen in der Management-Konsole durchgeführt werden.

Um eine neue Zuordnung durchzuführen, klicken Sie mit der rechten Maustaste auf den Menüpunkt Treiber unter der Druckerverwaltung. Wählen Sie aus dem Menü Zuordnung aus. Im nächsten Fenster werden Ihnen alle bereits durchgeführten Zuordnungen aufgelistet. Prinzipiell ist es am besten, wenn Sie weniger Druckertreiber installieren und kompatible Drucker zunächst versuchen zuzuordnen, bevor Sie zusätzlich Treiber installieren. Die Zuordnung erfolgt recht schnell und sie können testen, ob der Drucker mit dem alternativen Treiber funktioniert.

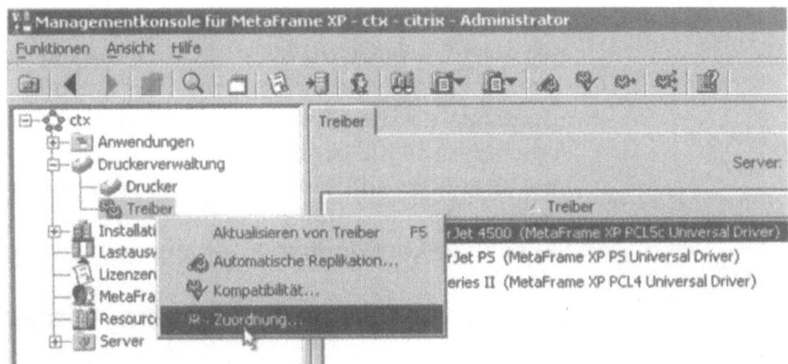

*Abb. 6.24:Neue Zuordnung eines Druckers*

Über die Schaltfläche Hinzufügen können Sie zusätzliche Zuordnungen durchführen.

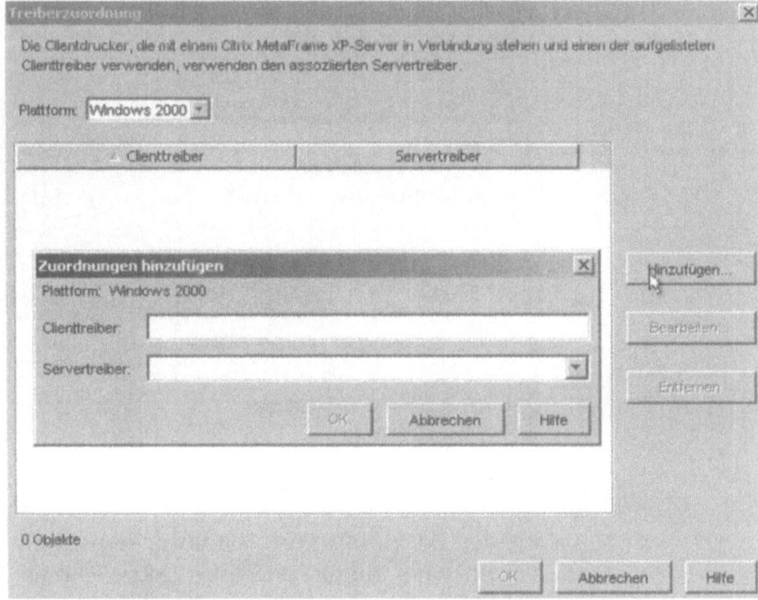

*Abb. 6.25:Erstellen einer neuen Zuordnung*

*Tipp*

Um eine Zuordnung einzutragen, müssen Sie zunächst im Feld Clienttreiber die genaue Bezeichnung des Druckers auf dem Clientrechner eintragen. Beachten Sie dabei auch Groß- und Kleinschreibung sowie Leer- und Sonderzeichen. Sie müssen exakt die gleiche Schreibweise durchführen wie auf dem Client.

Nachdem Sie die Bezeichnung eingetragen haben, können Sie aus dem Dropdown-Menü bei `Servertreiber` einen passenden Druckertreiber auswählen. Hier werden alle Druckertreiber angezeigt, die in Windows installiert sind und Citrix im Datenspeicher durch den IMA-Dienst abgelegt hat. Wenn Sie einen Druckertreiber in Windows installieren, kann es eine Zeit lang dauern, bis der Treiber in dieser Auswahl zur Verfügung steht. Sie können konfigurierte Zuordnungen jederzeit abändern.

## Zuweisen von Druckern zu Benutzern - Clientdrucker

Sie können außer den bereits genannten Methoden zusätzlich einzelne Drucker direkt einem Benutzer zuordnen. Klicken Sie dazu mit der rechten Maustaste auf das Menü Drucker in der Druckerverwaltung.

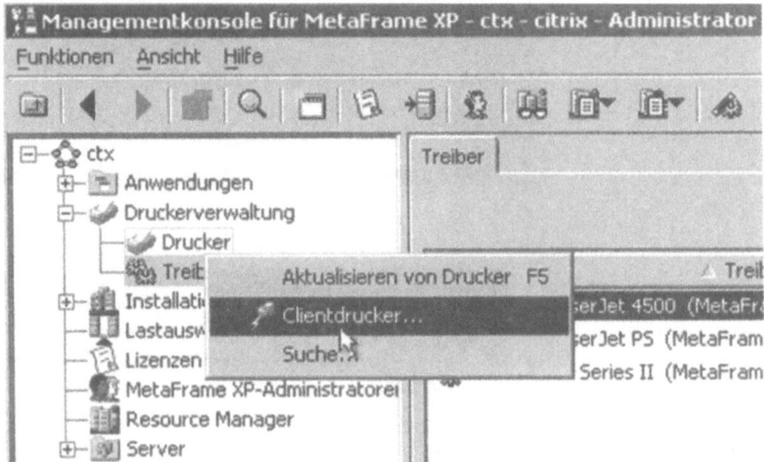


*Abb. 6.26:Zuweisen eines Client-Druckers*

Mit der Erstellung von Clientdruckern können Drucker speziell für einzelne Clients erstellt werden. Dieses Menü dient hauptsächlich dazu, Drucker von Clients zu verbinden, die eine automatische Erstellung nicht unterstützen, zum Beispiel Windows PocketPCs oder ICA-DOS-Clients. Andere Clients wie Windows 2000, XP oder Windows Server 2003 benötigen dieses Feature nicht.

## Bandbreitenbegrenzung

Die Druckdaten werden in Citrix, wie alle Verbindungsdaten, über das ICA-Protokoll verschickt. Aus diesem Grund können große oder zahlreiche Druckaufträge die Performance eines Clients stark beeinflussen. Um die Performance etwas besser steuern zu können, besteht die Möglichkeit, die Bandbreite von Druckaufträgen einzugrenzen. Sie sollten Druckaufträgen grundsätzlich nur eine Bandbreite von 2 kbit/s – 10 kbit/s einräumen.

Um die Bandbreite von Druckaufträgen einzugrenzen, klicken Sie einmal mit der linken Maustaste auf das Menü der Druckerverwaltung und wechseln auf der rechten Seite der Management-Konsole auf die Registerkarte Bandbreite. Hier sehen Sie alle Citrix-Server der Farm und können mit der rechten Maustaste die Bandbreite der Druckaufträge bearbeiten.

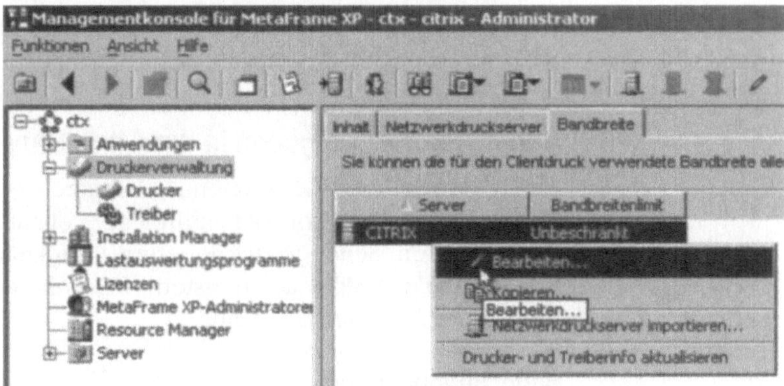


*Abb. 6.27:Bearbeiten der Drucker-Bandbreite*

Standardmäßig ist die Bandbreite der Druckaufträge unbegrenzt. Hier besteht also deutlicher Optimierungsbedarf. Sie erzielen hier allerdings nur einen Effekt, wenn Ihre Benutzer oft und große Daten auf Ihren Client-Druckern ausdrucken.

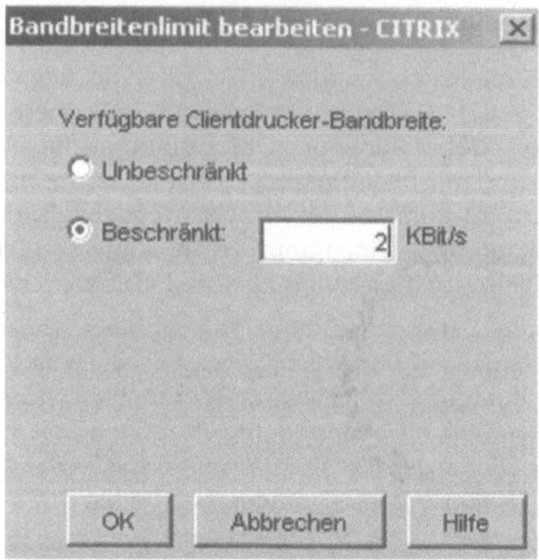


*Abb. 6.28:Bearbeiten der Drucker-Bandbreite*

## Administrationsaufgaben in der Citrix Management-Konsole

Außer den bereits besprochenen Aufgaben erledigen Sie in der Citrix Management-Konsole zahlreiche weitere Aufgaben. Die auf den vorderen Seiten beschriebenen Tätigkeiten sind allerdings die aus meiner Sicht geläufigsten, wir gehen aber dennoch auf die andere Aspekte näher ein.

### Benutzerverwaltung

In der Citrix Management-Konsole können Sie sehen, welche Benutzer derzeit mit welchem Citrix-Server verbunden sind. Wenn Sie auf den Menüpunkt Server klicken, sehen Sie alle mit der Farm verbundenen Benutzer und auf welchem Citrix-Server die Sitzung erstellt wurde. Wenn Sie auf den Server klicken, erhalten Sie auf der rechten Seite der Konsole weitere Informationen angezeigt. Wenn Sie auf einen Benutzer mit der rechten Maustaste klicken, können Sie verschiedene Optionen durchführen. Sie können auf der Registerkarte Prozesse eines Benutzers einzelne Prozesse beenden. Durch diese Menüs haben Sie die Möglichkeit, sich einen genauen Überblick über die derzeit verbundenen Benutzer zu machen, deren laufende Prozesse und mit welchem Citrix-Server sie verbunden sind. Hier können Sie Sitzungen beenden, trennen und abmelden.

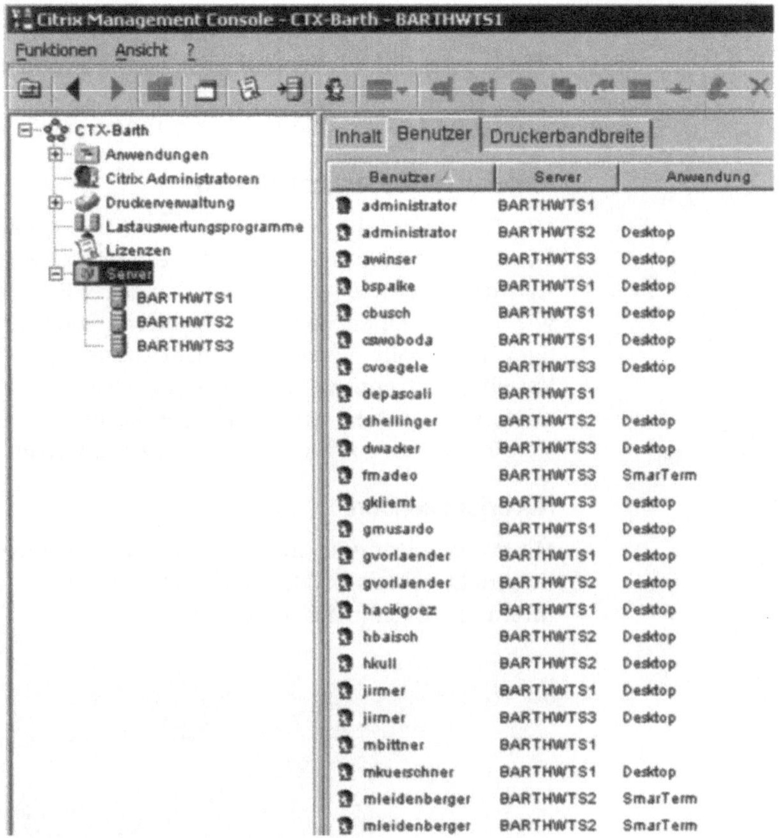

Abb. 6.29: *Verbundene Benutzer*

Wenn Sie mit der rechten Maustaste auf einen Benutzer klicken, stehen Ihnen verschiedene Optionen zur Verfügung.

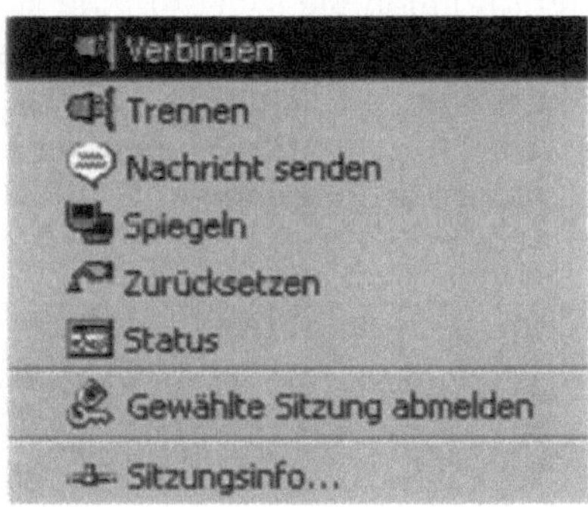


Abb. 6.30: *Verbundene Benutzer*

### Verbinden mit einer Benutzersitzung

Mit diesem Befehl können Sie getrennte Sitzungen eines Benutzers wieder verbinden. Sie können sich auf diese Art mit einer Sitzung verbinden, die nicht von Ihnen erstellt wurde.

### Trennen einer Benutzersitzung

Mit diesem Befehl trennen Sie einen Benutzer von dessen Citrix-Sitzung. Die Sitzung bleibt auf dem Citrix-Server erhalten. Wenn sich der Benutzer wieder mit der Citrix-Farm verbindet, wird er wieder mit seiner Sitzung verbunden. Getrennte Sitzungen benötigen eine volle Verbindungslizenz. Die meisten Prozesse laufen bei einer getrennten Sitzung normal weiter und werden beim erneuten Verbinden angezeigt. Sie können sich mit dem Befehl Verbinden mit einer getrennten Sitzung wieder verbinden.

### Nachricht senden

Mit diesem Menü können Sie einzelnen Benutzer oder allen eine Nachricht schicken. Die Benutzer bekommen diese Nachricht in Ihrem Sitzungsfenster angezeigt.

*Tipp*

Wenn Sie aus einem Skript eine Nachricht an alle Benutzer schicken wollen, können Sie auch mit dem Befehl

```
Net send SERVERNAME
```

arbeiten. Bei diesem Befehl erhalten alle verbundenen Benutzer eine Nachricht. Damit die Nachricht zugestellt wird, muss der Systemdienst Nachrichtenfenster gestartet sein.

### Spiegeln

Mit diesem Befehl können Sie sich auf eine andere Citrix-Sitzung schalten. Der Benutzer auf dessen Sitzung Sie sich schalten, sieht die gleichen Vorgänge, die auch Sie sehen. Diese Möglichkeit wird meistens von Support-Mitarbeitern verwendet, um Benutzern bei Ihren Problemen zu helfen.

*Hinweis*

▶  Damit Sie sich auf eine Citrix-Sitzung spiegeln können, muss auf dem Server oder Workstation außer der Management-Konsole noch die Citrix Program Neighborhood installiert sein.

> ▶ Die Sitzung des Administrators, der die Spiegelung durch-
> führt, muss die Auflösung der gespiegelten Benutzersitzung
> unterstützen.

Administratoren können auch mehrere Sitzungen gleichzeitig spiegeln, dazu können Sie jedoch nicht die Citrix Management Konsole verwenden, sondern müssen mit der Citrix Spiegelungs-Symbol-Leiste durchgeführt werden.

### Zurücksetzen

Dieser Befehl beendet die Sitzung auf dem Citrix-Server. Alle geöffneten Programme werden geschlossen und die Sitzung komplett vom Server gelöscht. Wenn sich der zurückgesetzte Benutzer neu mit dem Server verbindet, wird eine neue Citrix-Sitzung erstellt. Zurückgesetzte Sitzungen geben Ihre verbrauchte Verbindungslizenz frei. Beim Zurücksetzen können Daten des Benutzers verloren gehen, wenn dieser ungesicherte Dokumente geöffnet hat.

### Status

Dieses Menü ruft Informationen ab, wie viele Netzwerkpakete insgesamt zu dieser Sitzung geschickt wurden und von der Sitzung an den Server übertragen wurden.

### Gewählte Sitzung abmelden

Mit diesem Menü wird die Sitzung ordnungsgemäß vom Server abgemeldet, alle Programme geschlossen und die Sitzung anschließend vom Server entfernt. Die Verbindungslizenz wird dabei freigegeben. Auch hier werden keine Daten gespeichert.

### Sitzungsinfo

Der Aufruf dieses Menüs bewirkt die Anzeige detaillierter Infos über diese Sitzung. Sie können sich alle Prozesse der Sitzung anzeigen lassen, den Namen, die IP-Adresse des Clients, die Auflösung der Sitzung und viele weitere Informationen. Sie können hier keinerlei Aktionen vornehmen. Dieses Fenster dient nur zur Anzeige von Sitzungsinformationen.

## Lizenz-Verwaltung

Eine weitere Verwaltungsaufgabe in der Citrix-Management-Konsole ist die Administration Ihrer Lizenzen. Zur Verwaltung der Citrix-Lizenzen steht Ihnen ein eigener Menüpunkt in der Citrix Management Konsole zur Verfügung.

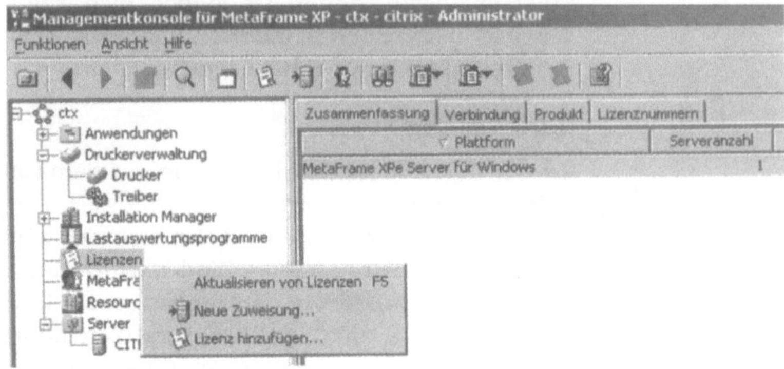

*Abb. 6.31:Lizenzverwaltung*

Mit diesem Menü fügen Sie neue Lizenzen hinzu, löschen Lizenzen und aktivieren Lizenzen. Außerdem können Sie hier einzelne Verbindungslizenzen direkt einzelnen Servern zuordnen. Diese Lizenzen stehen dann ausschließlich nur dem Server zur Verfügung, dem sie auch zugewiesen wurden. In Citrix müssen Lizenzen einer Serverfarm hinzugefügt werden und zusätzlich noch aktiviert werden. Mit Hilfe des Aktivierungscodes können Sie schließlich die Lizenzen im Internet bei Citrix aktivieren.

## Metaframe XP-Administratoren

Standardmäßig erhält der Benutzer, mit dem Sie Citrix installieren, volle Administratorrechte auf die Citrix-Farm. Sie können jederzeit weitere Benutzer den Citrix-Administratoren hinzufügen. Dazu verwenden Sie das Menü Metaframe XP-Administratoren. Wenn Sie neue Administratoren hinzufügen, können Sie detailliert auswählen, für welche Bereiche der neue Benutzer oder die Gruppe Zugriff hat.

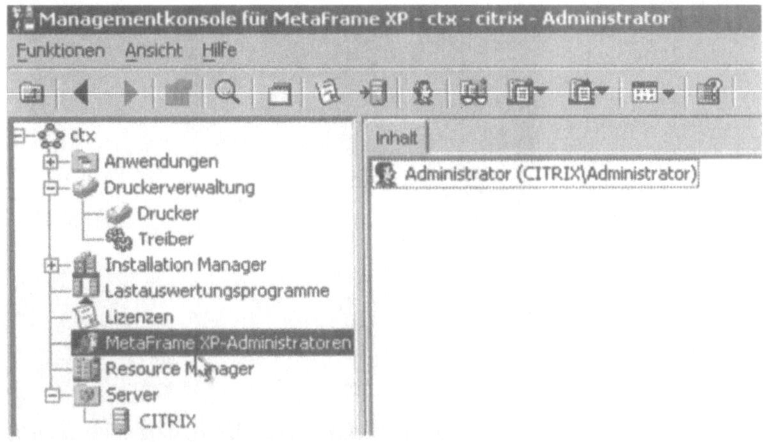

*Abb. 6.32:Metaframe XP-Administratoren*

## Citrix-Verbindungskonfiguration

Die Citrix-Verbindungskonfiguration ist ein weiteres Tool, welches Sie bei der Verwaltung Ihres Citrix-Servers verwenden. Mit diesem Werkzeug konfigurieren Sie das ICA-Protokoll der einzelnen Server. Alle Einstellungen, die Sie hier vornehmen, haben nur für den konfigurierten Server Gültigkeit. Sie müssen also bei allen Einstellungen innerhalb dieses Programmes alle Einstellungen auf Ihren anderen Citrix-Servern wiederholen. Sie finden die Citrix Verbindungskonfiguration in der Citrix Metaframe Programmgruppe. Wenn Sie das Programm aufgerufen haben, wird Ihnen ein Fenster angezeigt, indem Sie Einstellungen bezüglich des ICA-Protokolles und des RDP-Protokolles vornehmen können.

*Tipp*

Wenn Sie einen Citrix-Server mit veröffentlichten Anwendungen konfiguriert haben und Ihre Benutzer ausschließlich mit den veröffentlichten Anwendungen arbeiten, sollten Sie als ersten Schritt das RDP-Protokoll deaktivieren. Mit diesem Schritt stellen Sie sicher, dass sich kein Benutzer mit dem Desktop des Servers verbinden kann, und Administratoren können den Server entweder direkt über die Konsole oder über den freigegebenen Desktop des ICA-Protokolls verwenden. Um das RDP-Protokoll zu deaktivieren, klicken Sie es mit der rechten Maustaste an und wählen aus dem Menü deaktivieren aus. Ab diesem Moment kann niemand mehr über den Microsoft-Client Verbindung zu diesem Citrix-Server aufbauen.

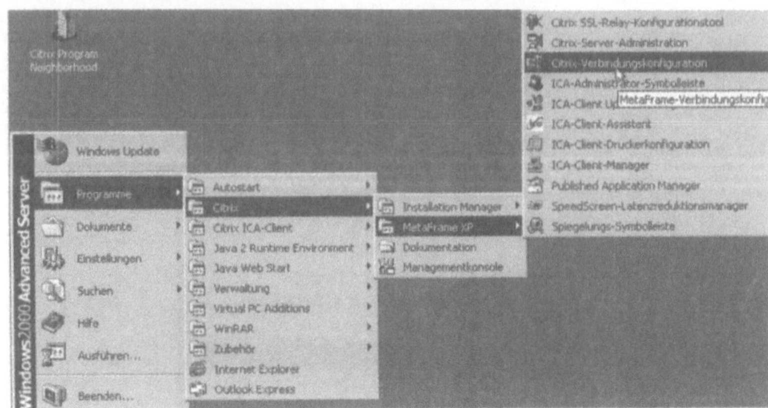

*Abb. 6.33:Start der Citrix Metaframe Verbindungskonfiguration*

*Abb. 6.34:Start der Citrix Metaframe Verbindungskonfiguration*

Die ICA-Verbindungen sind logische Ports, über die Benutzer Verbindung mit dem Terminalserver über Citrix aufbauen können. Sie können in der Verbindungskonfiguration mehrere ICA-Verbindungen einrichten, aber nur eine RDP-Verbindung. Über das Menü Sicherheit können Sie steuern, dass bestimmte Benutzergruppen für einzelne ICA-Verbindungen ausgesperrt werden. Nach meiner Erfahrung macht es aber nur selten bis gar keinen Sinn, mehrere Verbindungen für einen Server zu erstellen. Sie können jedoch die Parameter der ICA-Verbindung konfigurieren und nach Ihren Bedürfnissen einrichten. Um die Einstellungen zu ändern, machen Sie einen Doppelklick auf die ICA-Verbindung. Ihnen stehen mehrere Optionen zur Verfügung, mit denen Sie die ICA-Verbindung konfigurieren können. Beachten Sie aber, dass die Einstellungen, die Sie hier vornehmen, für alle Benutzer gelten, auch für die Administratoren.

Wenn Sie mehrere physikalische Netzwerkkarten eingebaut haben, können Sie für einzelne Netzwerkkarten eigenständige ICA-Verbindungen konfigurieren. Standardmäßig gilt die erste standardmäßig erstellte ICA-Verbindung für alle physikalischen Netzwerkkarten.

Um die ICA-Verbindung zu konfigurieren, verwenden Sie hauptsächlich die drei Schaltflächen `Erweitert`, `ICA-Einstel-
lungen` und `Clienteinstellungen`.

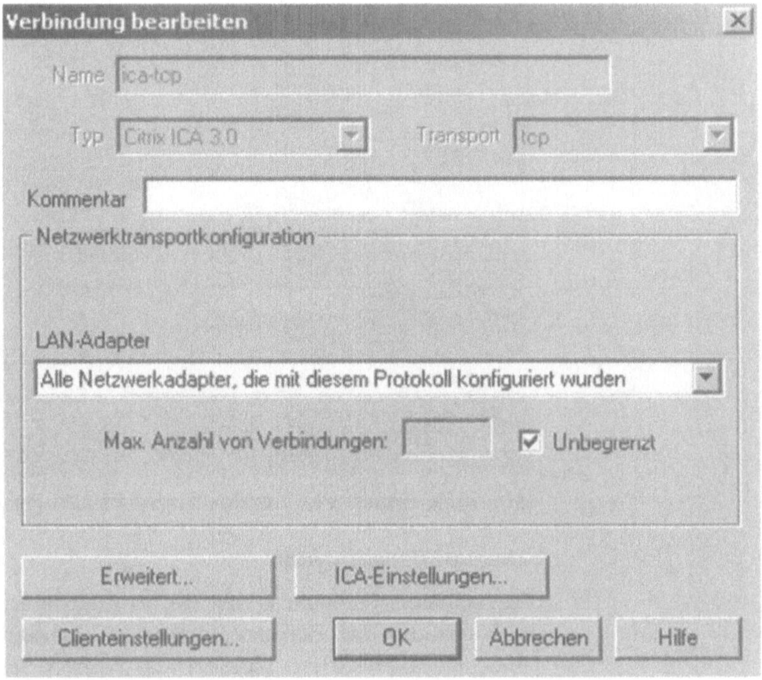

*Abb. 6.35: Citrix-Verbindungskonfiguration, Startfenster*

## Erweiterte Verbindungseinstellungen

Mit Hilfe der Schaltfläche Erweitert gelangen Sie zu den erweiterten Verbindungseinstellungen. Hier können Sie die wichtigsten
Einstellungen der ICA-Verbindungen konfigurieren. Wenn Sie
hier Änderungen vornehmen, werden diese in der Registry des
Servers gespeichert, aber nicht an die anderen Server der Citrix-
Farm weitergegeben. Sie sollten also alle Änderungen, die Sie
hier vornehmen, dokumentieren und an den anderen Servern
der Farm genau so an Ihre Wünsche anpassen. Die vorgenom-
menen Änderungen haben keine Gültigkeit für Benutzer, die sich
bereits verbunden haben, sondern werden erst berücksichtigt,
wenn sich Benutzer neu an diesem Server anmelden.

Die erste Option, die Sie abändern können, ist die Aktivierung
der Anmeldung am Citrix-Server über diese ICA-Verbindung.

Wenn Sie die Anmeldung auf dieser Verbindung deaktivieren, dürfen sich keine Benutzer mehr anmelden.

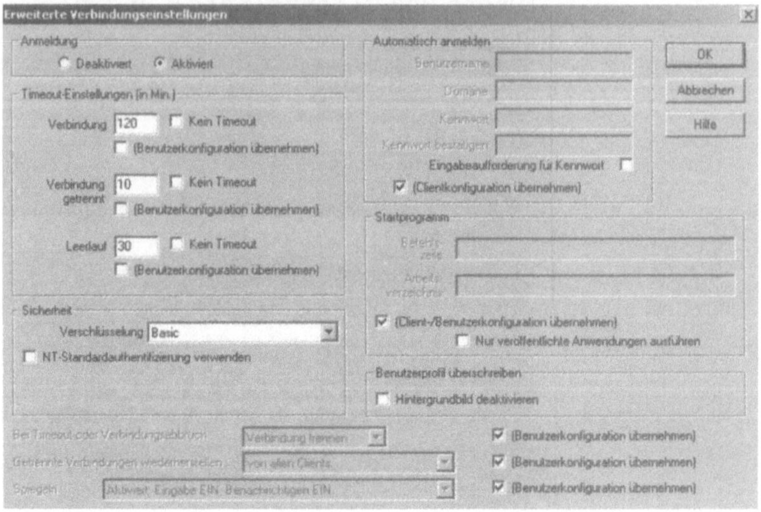

*Abb. 6.36: Erweiterte Verbindungseinstellungen*

### Timeout-Einstellungen

Die nächsten Optionen, die Sie konfigurieren können, betreffen die Timeouts der Benutzersitzungen. Standardmäßig sind keine Timeouts konfiguriert, sondern es werden die Einstellungen des Benutzers in der Benutzerverwaltung übernommen. Sie können drei verschiedene Timeouts konfigurieren. Welche Aktion beim Erreichen eines Timeouts durchgeführt wird, stellen Sie unten im Fenster bei der Option `Bei Timeout oder Verbindungsabbruch:` ein.

▸  *Verbindung.* Wenn Sie hier einen Wert eintragen, wird der Benutzer nach einer gewissen Zeit automatisch vom Citrix-Server getrennt. Diese Einstellung macht nur in einem Internet-Café oder einem öffentlichen Citrix-Server Sinn, da es in einer Firma wohl eher problematisch ist, einen arbeitenden Benutzer nach einer bestimmten Zeitspanne vom System zu trennen.

▸  *Verbindung getrennt.* Diese Timeout-Einstellung macht wiederum mehr Sinn. Wenn sich Benutzer nicht vom Citrix-Server abmelden sondern die Sitzung lediglich trennen, bleibt die Sitzung weithin auf dem Citrix-Server mit dem Status „getrennt" aktiv. In diesem Zustand arbeitet kein Benutzer mehr mit der Sitzung, es wird jedoch weiterhin die Verbindungslizenz verwenden. Wenn sich Benutzer wieder mit dem Citrix-Server verbinden, werden Sie automatisch wieder mit Ihrer getrennten Sitzung verbunden.

▸ *Leerlauf.* Bei diesem Timeout überprüft der Citrix-Server den Zeitraum, in dem keine Daten mehr vom Client zum Citrix-Server übertragen werden. Nach Ablauf der Zeitspanne wird der Benutzer automatisch vom System getrennt.

### *Sicherheit*

In diesem Bereich steuern Sie die Verschlüsselungsstufe, die für die Kommunikation zwischen Client und Server verwendet wird. Wenn Sie diese Einstellung ändern, dürfen sich mit dieser ICA-Verbindung nur noch Benutzer verbinden, die eine entsprechende Verschlüsselung in Ihrem ICA-Client eingestellt haben.

Wenn Sie die Option `NT-Standardauthentifizierung` verwenden aktivieren, verwendet die ICA-Verbindung zum authentifizieren von Benutzern die Windows-Standard-DLL *msgina.dll.* Wenn Sie statt dieser Anmeldung die dll eines Drittherstellers verwenden wollen, müssen Sie diese Option deaktivieren.

### *Spiegelungen und getrennte Sitzungen*

Im unteren Bereich des Fensters stehen Ihnen drei Optionen zur Verfügung. Die erste Option `Bei Timeout oder Verbindungsabbruch:` steuert, was mit Benutzersitzungen passiert, deren Timeout abgelaufen ist.

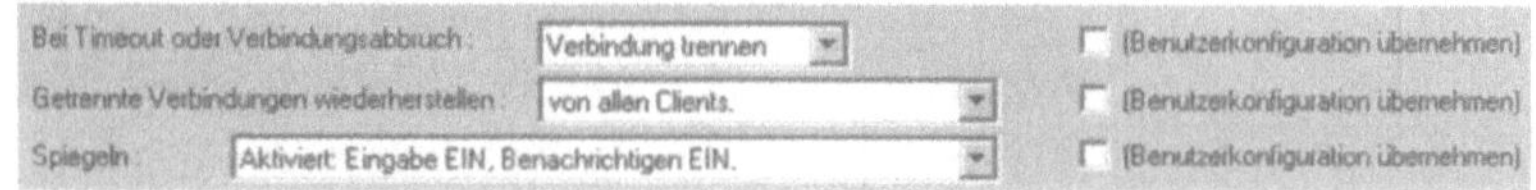


*Abb. 6.37: Spiegelungen*

Die zweite Option, `Getrennte Verbindungen wiederherstellen:`, steuert die Möglichkeit, dass getrennte Sitzungen nicht nur von dem Clientgerät wiederhergestellt werden können, von denen die Sitzung ursprünglich aufgebaut wurde, sondern auch von beliebigen Clientgeräten. Die letzte Option wiederum steuert die Spiegelung von Benutzersitzungen. Ihnen stehen zum Steuern der Benutzersitzungen 5 Optionen zur Verfügung:

▶ *Deaktiviert.* Wenn Sie diese Option aktivieren, können über diese ICA-Verbindung keine Benutzersitzungen gespiegelt werden.

▶ *Aktiviert: Eingabe AUS, Benachrichtigen EIN.* Wenn diese Option aktiviert ist, können Benutzersitzungen gespiegelt werden, der Administrator kann aber keine Steuerung von Maus und Tastatur übernehmen. Der Benutzer kann die Spiegelung auch nicht ablehnen, erhält aber eine Benachrichtigung.

▶ *Aktiviert: Eingabe AUS, Benachrichtigen AUS.* Auch hier ist die Spiegelung aktiviert, der Administrator kann aber weiterhin keinerlei Eingaben vornehmen. Der Benutzer kann die Spiegelung nicht ablehnen und erhält keine Benachrichtigung über die Spiegelung

▶ *Aktiviert: Eingabe EIN, Benachrichtigen AUS.* Mit dieser Option kann der Administrator Eingaben mit Maus und Tastatur durchführen, der Benutzer erhält keine Benachrichtigung.

▶ *Aktiviert: Eingabe EIN, Benachrichtigen EIN.* Mit dieser Option ist die Spiegelung aktiv, der Administrator kann Eingaben vornehmen, und der Benutzer muss der Spiegelung zustimmen.

*Hinweis*

Standardmäßig dürfen nur Administratoren andere Benutzersitzungen spiegeln. Sie können über das Menü Sicherheit im Startfenster der erweiterten Einstellungen anderen Benutzern das Recht zum Spiegeln einräumen.

Wenn während der Installation die Spiegelung auf einem Server deaktiviert wurde, kann diese nicht mehr aktiviert werden. Damit auf diesem Server Benutzer-Sitzungen gespiegelt werden können, muss der Server neu installiert werden.

### Automatisch anmelden

In diesem Bereich des Fensters können Sie festlegen, dass alle Benutzer, die sich über diese ICA-Verbindung anmelden, automatisch mit dem hier konfigurierten Benutzer anmelden müssen. Standardmäßig ist diese Option nicht aktiviert und sollte aus Sicherheitsgründen nur verwendet werden, wenn Sie eine asynchrone Verbindung verwenden.

Wenn die Option `Clientkonfiguration` übernehmen aktiviert ist, werden die Anmeldedaten des Benutzers übernommen, die er in der Citrix Program Neighborhood hinterlegen kann.

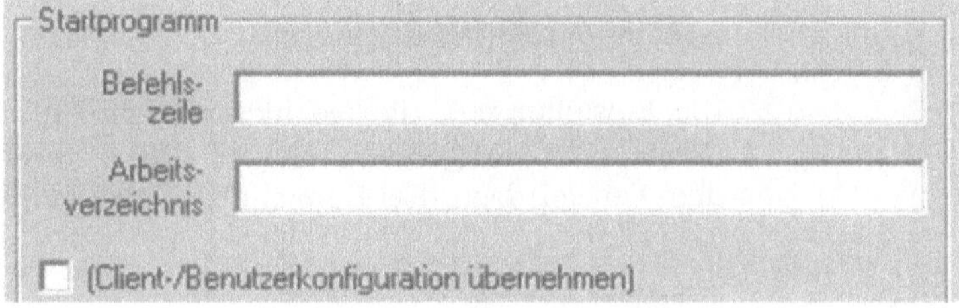

*Abb. 6.38: automatisch anmelden*

### Startprogramm

Die letzte Option dient zum Steuern der Anmeldung des Benutzers am Citrix-Server durch ein spezielles Programm. Wenn Sie hier ein Programm hinterlegen, wird statt des Explorers die hier konfigurierte Anwendung verwendet.

*Abb. 6.39: automatisch anmelden*

Wenn ein Benutzer die Anmeldung, die Sie hier hinterlegen, beendet, wird er automatisch vom Citrix-Server abgemeldet. Sie dürfen hier keine veröffentlichte Anwendung eintragen.

*Hinweis:*

**Nur veröffentlichte Anwendungen ausführen**

Wenn Sie diese Option aktivieren, können auf dem Citrix-Server nur noch Verbindungen über veröffentlichte Anwendungen aufgebaut werden. Dadurch können Sie sicherstellen, dass keine Benutzer sich über den Desktop auf den Server verbinden. Wenn Sie den Desktop des Servers veröffentlichen, können Administratoren weiterhin über den Desktop als veröffentlichte Anwendung zugreifen. Geben Sie daher zunächst den Desktop frei, bevor Sie diese Option aktivieren.

Die Option Hintergrundbild deaktivieren bestimmt, dass auf dem Clientdesktop kein Hintergrundbild angezeigt wird. Dadurch wird der Bildaufbau beträchtlich beschleunigt.

## Clienteinstellungen

Die zweite Schaltfläche auf dem Startfenster bringt Sie zu einem weiteren Fenster. Hier werden weitere Einstellungen bezüglich der Verbindung für die Clients eingestellt.

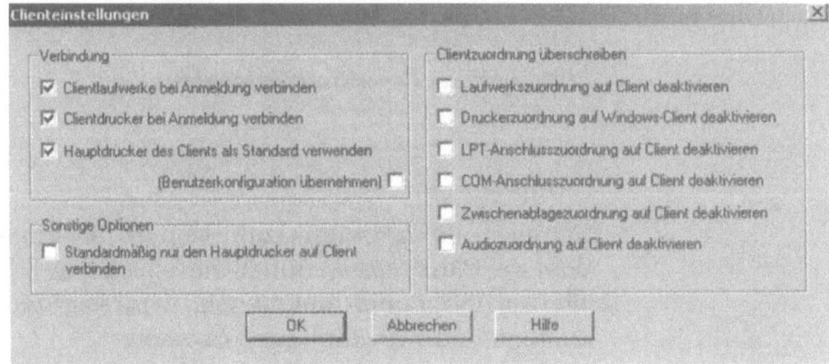

*Abb. 6.40: Clienteinstellungen*

Die Einstellungen, die Sie hier vornehmen, dienen der Verbindung von Clientgeräten mit der ICA-Sitzung. Ihnen stehen auf dem Fenster dazu drei Bereiche zur Verfügung:

*Verbindung*

Unter dem Bereich Verbindung steuern Sie drei Optionen:

▶ *Clientlaufwerke bei Anmeldung verbinden.* Wenn Sie diese Option aktivieren werden die lokalen Laufwerke des Benutzers in der ICA-Sitzung verbunden. Der Benutzer kann somit Daten zwischen seinem Client-PC und dem Server austauschen. Es werden allerdings nur Festplatten und das Diskettenlaufwerk verbunden, kein CD-ROM.

▶ *Clientdrucker bei Anmeldung verbinden.* Bei Aktivierung dieser Option werden die lokal installierten Drucker des Clients in der ICA-Sitzung verbunden, sofern Sie vom Server erkannt werden.

▶ *Hauptdrucker des Clients als Standard verwenden.* Wenn Sie diese Option verwenden, wird der Standard-Clientdrucker auf dem Server der Standard-Drucker. Es kommt auf Grund dieser Option häufig zu Druckschwierigkeiten bei Clients. Sie sollten diese Option daher deaktivieren.

*Sonstige Optionen*

Unter den sonstigen Optionen finden Sie lediglich die Option Standardmäßig nur den Hauptdrucker auf Client verbinden. Wenn Sie diese Option aktivieren, bekommen die Benutzer nur den Drucker Ihres Clients verbunden, der als Standard konfiguriert ist.

*Clientzuordnung überschreiben*

Im letzten Bereich dieses Fensters steuern Sie die Verbindung verschiedener Clientgeräte.

- ▸ *Laufwerkszuordnung auf Clients deaktivieren.* Wenn Sie diese Option aktivieren, werden bei den Benutzern keine lokalen Laufwerke verbunden, auch wenn die Einstellung in den benutzerdefinierten Einstellungen bei den Benutzern anders lauten.

- ▸ *Druckerzuordnung auf Windows-Client deaktivieren.* Wenn diese Einstellung aktiviert ist, dürfen Clients auf dem Citrix-Server keine Ausdrucke auf ihren lokalen Rechnern durchführen.

- ▸ *LPT-Anschlussordnung auf Client deaktivieren.* Diese Option deaktiviert die Verbindung der Parallel-Ports auf den Clientrechnern mit dem Citrix-Server. Wenn die Drucker der Clients lokal auf einem LPT-Port angeschlossen sind, können so also auch keine Benutzer mehr auf Ihren lokalen Druckern ausdrucken.

- ▸ *COM-Anschlusszuordnung auf Client deaktivieren.* Wenn diese Option aktiviert ist, werden die seriellen Schnittstellen der Clients nicht mit dem Citrix-Server verbunden. Wenn diese Option nicht aktiviert ist, werden die seriellen Schnittstellen jedoch nicht automatisch verbunden, sondern müssen mit dem Befehl net use oder Change client manuell verbunden werden.

- ▸ *Zwischenablagezuordnung auf Client deaktivieren.* Standardmäßig können Benutzer Daten zwischen Citrix-Server und lokalem (Windows-) Client austauschen und dabei die Zwischenablage für kopieren und ausschneiden verwenden.

Falls dies bei Ihnen nicht gewünscht ist, können Sie die Option hier deaktivieren.

▸ *Audiozuordnung auf Client deaktivieren.* Wenn Sie diese Option aktivieren, werden keine Audiosignale zwischen Client und Server übertragen.

## ICA-Einstellungen

In der letzten Schaltfläche, ICA-Einstellungen, nehmen Sie nur die Einstellungen einer Option vor.

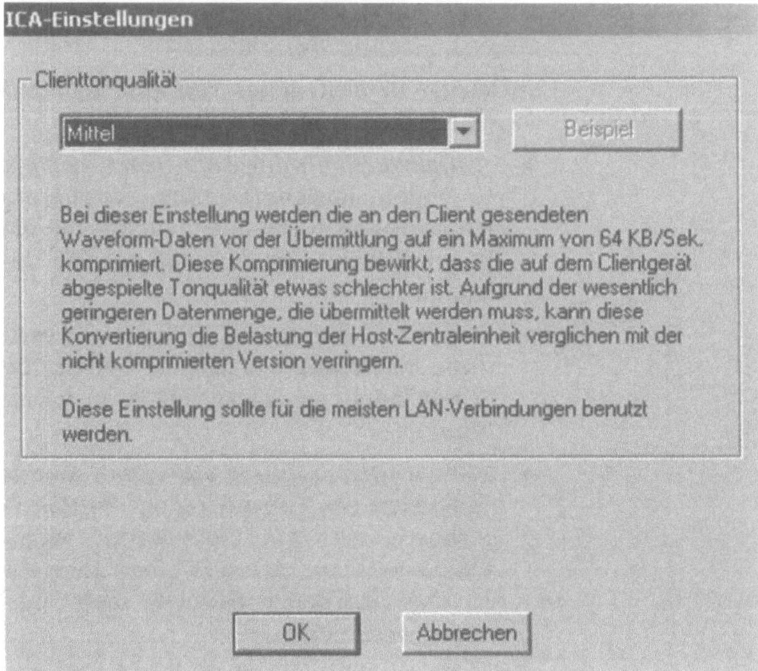


*Abb. 6.41: Toneinstellungen*

Sie können hier die Tonqualität einstellen, die vom Server zum Client übertragen wird. Je höher Sie die Qualität einstellen, um so mehr Bandbreite werden für das Übertragen der Audiosignale verwendet.

## SpeedScreen-Latenzreduktionsmanager

Der Speedscreen-Latenzreduktionsmanager ist ein weiteres Tool
zur Steuerung von Benutzersitzungen. Mit diesem Tool können
Sie bei langsamen Verbindungen Verzögerungen bei Maus- und
Tastatureingaben verhindern. Das Tool macht eigentlich nur in
Umgebungen mit einer sehr langsamen Bandbreite Sinn.

*Abb. 6.42: SpeedScreen Latenzreduktionsmanager*

*Tipp*

Alle Einstellungen, die Sie im Speedscreen-Latenzreduktionsmanager vornehmen, werden im Verzeichnis

`\%systemroot%\system32\ss3config`

auf dem Citrix-Server gespeichert, den Sie konfiguriert haben.
Wenn Sie den Inhalt des Verzeichnisses auf andere Citrix-Server
kopieren, werden auch die Einstellungen übernommen.

Hauptsächlich werden mit der Speedscreen-Latenzreduktion lokale Textechos und Mausklick-Feedbacks konfiguriert.

## Lokales Textecho

Wenn die Bandbreite zwischen Client und Server überlastet ist, kommt es zu Verzögerungen bei der Eingabe von Texten und deren Ansicht auf dem Server. Das lokale Textecho lädt Informationen über momentan verwendete Schriftarten und Zeichencharakteristika auf den Client herunter, dabei werden alle Anzeigeinformationen und die Auflösung berücksichtigt. Wenn der Client Texte eingibt, werden Sie durch die Program Neighborhood abgefangen und dem Client angezeigt, bevor sie an den Server übertragen werden. Dadurch hat der Benutzer den Eindruck, dass die Daten sofort übertragen sind, obwohl die eigentliche Übertragung im Hintergrund stattfindet. Der Benutzer merkt also fast keinen Unterschied zwischen der Anzeige des Textes auf seinem Client und dem Server.

## Mausklick-Feedback

Die gleiche Verzögerungsproblematik gibt es bei Mausklicks. Benutzer bekommen die Aktionen auf dem Server erst nach einer Verzögerung angezeigt. Dies hat oft zur Folge, dass Benutzer mehrmals die Maus klicken, da keine Aktion passiert. Die Speedscreen-Latenzreduktion zeigt die Änderungen des Mauszeigers sofort an, damit Benutzer über durchgeführte Aktionen sofort Bescheid bekommen. Beim Mausklick-Feedback werden jedoch keine Aktionen beschleunigt, sondern der Mauszeiger nur solange verändert, bis die Aktion auf dem Server durchgeführt wurde. Dadurch wissen Benutzer sofort Bescheid, dass Ihre Aktion durchgeführt ist und klicken nicht mehrmals mit der Maus.

## Konfiguration der Speedscreen-Latenzreduktion für Server

Sie können die Speedscreen-Latenzreduktion für einen Server so konfigurieren, dass Sie für alle Anwendungen des Servers verwendet wird. Um die Latenzreduktion zu konfigurieren, rufen Sie die Eigenschaften des Servers im Speedscreen-Latenzreduktionsmanager auf. Sie finden dieses Programm in der Citrix-Programmgruppe. Nachdem Sie die Eigenschaften des Servers aufgerufen haben, können sie die Speedscreen-Latenzreduktion für diesen Server anpassen. Nachdem Sie die Eigenschaften aufgerufen haben, stehen Ihnen 4 Optionen zur Verfügung.

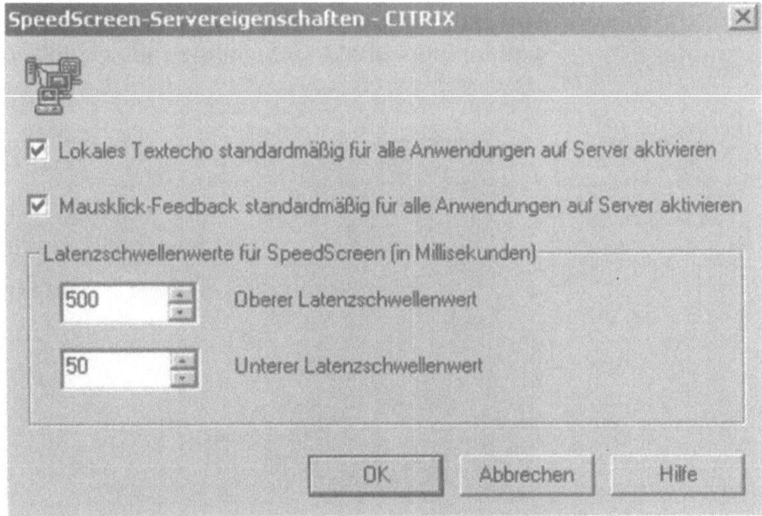

*Abb. 6.43: SpeedScreen Latenzreduktionsmanager*

▶ *Lokales Textecho standardmäßig für alle Anwendungen auf Server aktivieren.* Wenn Sie diese Option aktivieren, werden alle Texte, die von Benutzern auf dem Client eingegeben werden und an den Server übertragen werden sollen, in einem Textfenster zwischengespeichert. Diese Option ist standardmäßig nicht aktiviert.

▶ *Mausklick-Feedback standardmäßig für alle Anwendungen aktivieren.* Diese Option ist standardmäßig bereits aktiviert. Wenn der Benutzer mit der Maus eine Aktion auf dem Server durchführt und diese noch nicht vom Client zum Server übertragen wurde, wird durch die Latenzreduktion der Mauszeiger solange verändert, bis die Aktion auf dem Server durchgeführt ist.

▶ Oberer Latenzschwellenwert. Ab diesem Schwellenwert wird die SpeedScreen Latenzreduktion aktiviert.

▶ Unterer Latenzschwellenwert. Wenn die Latenz diesen Wert unterschreitet, wird die Latenzreduktion deaktiviert.

## Konfiguration der Speedscreen-Latenzreduktion für Anwendungen

Sie können die Latenzreduktion auch für einzelne Anwendungen konfigurieren anstatt für den kompletten Server. Wenn Sie eine

Anwendung für die Speedscreen-Latenzreduktion konfigurieren wollen, müssen Sie im Manager die Schaltfläche Neu betätigen.

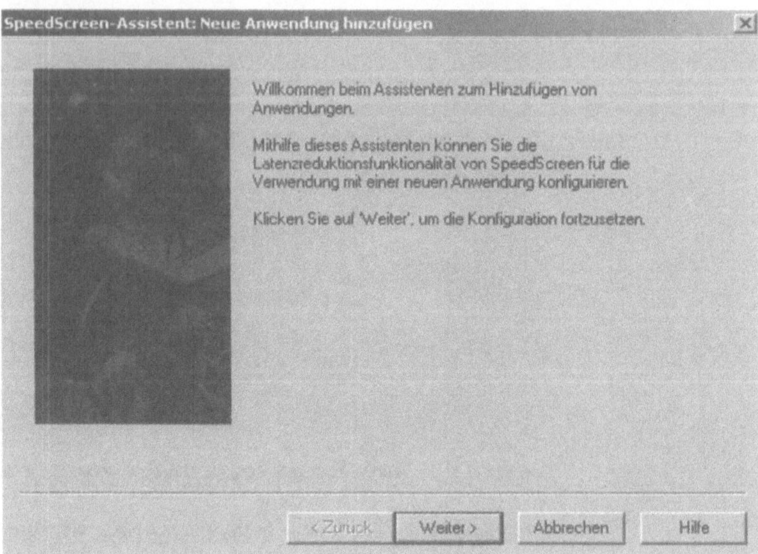

*Abb. 6.44: SpeedScreen für eine Anwendung*

Nachdem Startfenster können Sie mit dem Assistenten für die Konfiguration der Speedscreen-Latenzreduktion eine Anwendung für die Latenzreduktion konfigurieren.

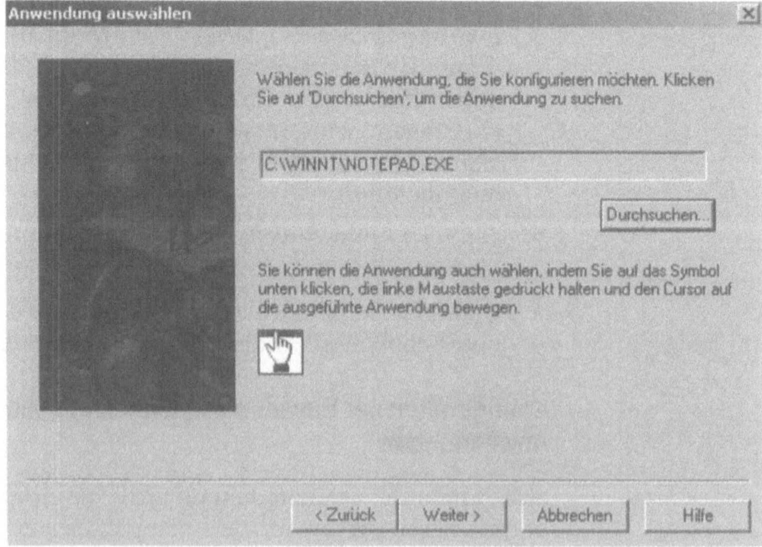

*Abb. 6.45: SpeedScreen für eine Anwendung*

Wählen Sie zunächst die Anwendung aus, für die Sie die Latenzreduktion konfigurieren wollen. Im nächsten Fenster legen Sie fest, ob das lokale Textecho aktiviert werden soll.

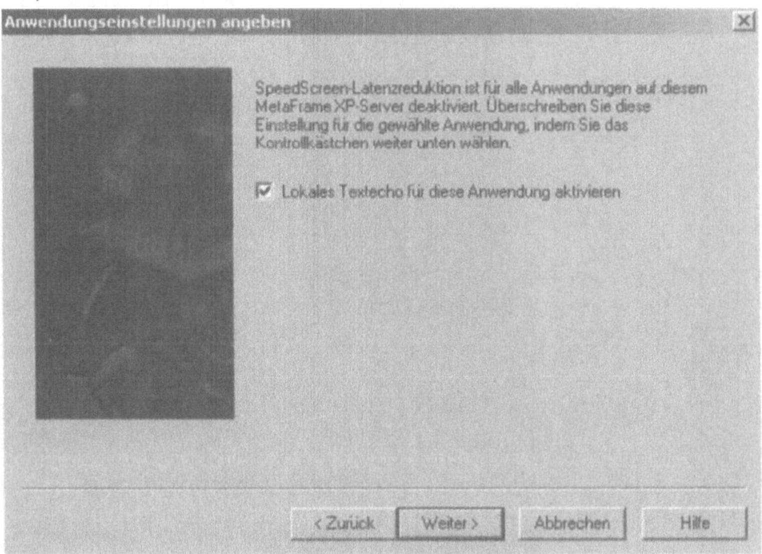


*Abb. 6.46: Aktivierung des lokalen Textechos*

Im nächsten Fenster können Sie festlegen, ob die Einstellungen nur für die ausführende Datei verwendet werden sollen, die Sie auf dem vorangegangen Fenster ausgewählt haben, oder für alle Dateien, die auf dem Server diese Anwendung starten. Diese Option ist sinnvoll, wenn Sie Ihre SpeedScreen-Konfiguration wie weiter vorne beschrieben auf andere Citrix-Server kopieren wollen, bei denen die Anwendung vielleicht in einem anderen Verzeichnis installiert ist. Wenn Sie die Option für alle Installationen dieser ausführenden Datei auswählen, entsteht Ihnen kein Schaden, aber Sie sind auf der sicheren Seite, dass die Anwendung auf allen Citrix-Servern immer gefunden wird. Nachdem Sie diese Auswahl getroffen haben, wird die Latenzreduktion für diese Anwendung auf diesem Citrix-Server aktiviert. Die Anwendung wird jetzt im Speedscreen-Latenzreduktionsmanager angezeigt. Nachdem Sie die Speedscreen-Latenzreduktion für eine Anwendung erstellt haben, können Sie die Einstellungen nachträglich noch anpassen. Rufen Sie dazu im Manager die Eigenschaften für die Speedscreen-Latenzreduktion dieser Anwendung auf.

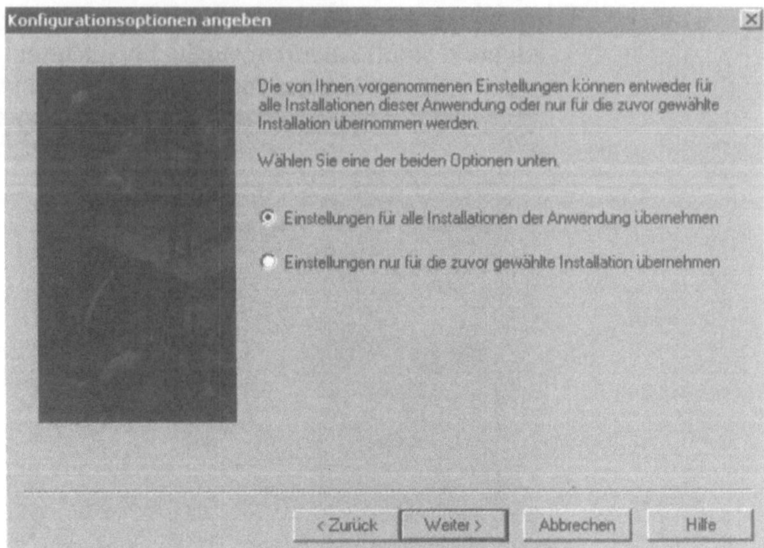

Abb. 6.47: Speedscreen-Latenzreduktion

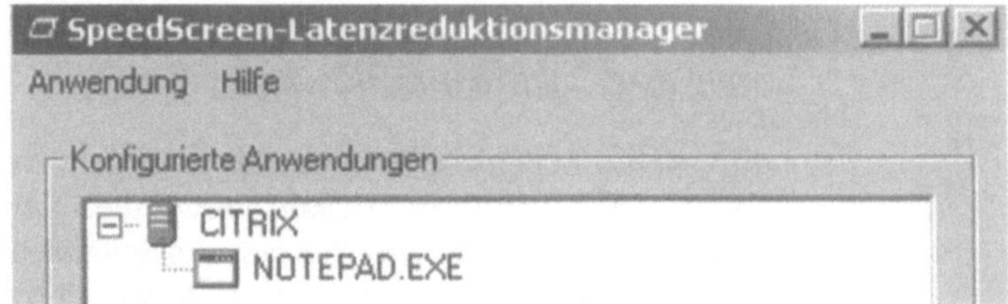

Abb. 6.48: Anwendung für die Speedscreen-Latenzreduktion

## Anpassen der Speedscreen-Latenzreduktion für eine Anwendung

Um die Speedscreen-Latenzreduktion für eine Anwendung anzupassen, rufen Sie deren Eigenschaften im Speedscreen- Latenzre-
duktions-Manager auf. Um die Reduktion auf Ihre Bedürfnisse
anzupassen, stehen Ihnen zwei Registerkarten zur Verfügung:

*Anwendungseigenschaften*

Auf der ersten Registerkarte Anwendungseigenschaften steuern
Sie detaillierter die Eigenschaften des lokalen Textechos. Sie
können das lokale Textecho deaktivieren oder mit der Option
Text fixiert anzeigen im Eingabefeld anzeigen lassen, in
dem er später auch erscheinen soll. Um die Übersichtlichkeit für
den Benutzer etwas zu erhöhen, können Sie den Text auch in
einer Sprechblase anzeigen lassen, deren Anzeige auf dem Desk-

top verschoben werden kann. Dazu dient die Option Text in unverankerter Sprechblase anzeigen.

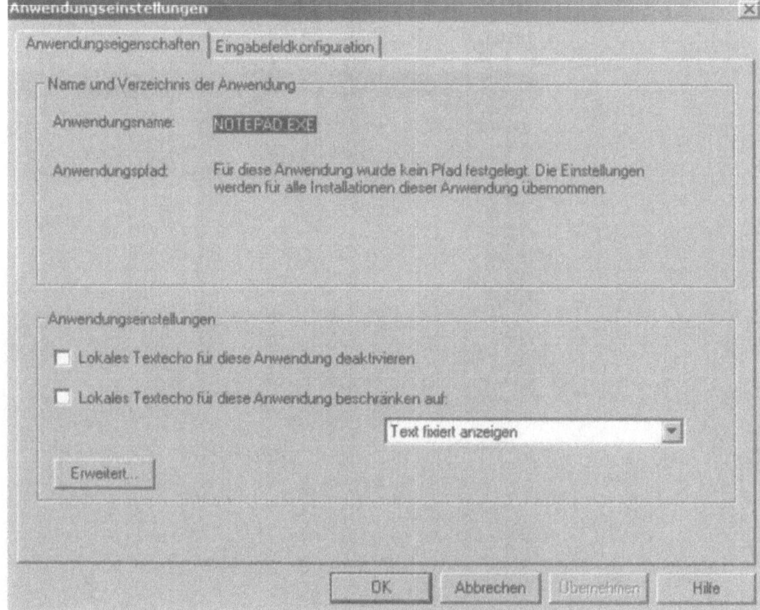

*Abb. 6.49: Speedscreen-Eigenschaften einer Datei*

Mit der Schaltfläche Erweitert gelangen Sie zur Option SpeedScreen zum Verwenden aller Eingabefelder in dieser Anwendung im internen Format zwingen.

*Abb. 6.50: Erweiterte Optionen*

Alle Eingabefelder werden in den einheitlichen Modus versetzt. Dadurch erreichen Sie eine höhere Kompatibilität des lokalen Textechos mit nicht-standardmäßigen Anwendungen. Durch diese Option wird die Prozessorlast jedoch etwas erhöht.

*Eingabefeldkonfiguration*

Mit Hilfe dieser Registerkarte können Sie das lokale Textechos auf einzelne Eingabemasken innerhalb der Anwendung konfigurieren.

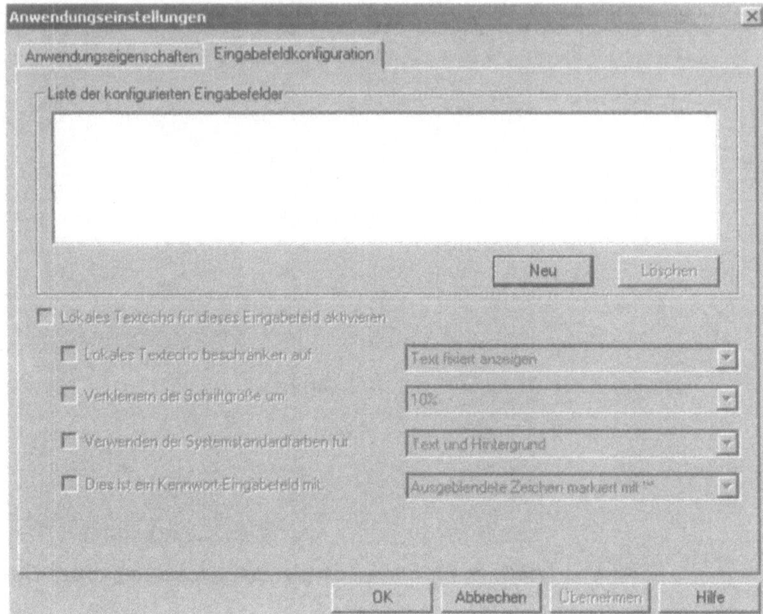

*Abb. 6.51: Anwendungseinstellungen*

Die Konfiguration einzelner Eingabefelder innerhalb einer Applikation kann sinnvoll sein, wenn es sich bei der Anwendung nicht um eine standardmäßige Anwendung handelt, sondern um eine problematischere Anwendung, wie zum Beispiel selbstentwickelte Programme oder Clients von ERP-Systemen. Ihnen stehen auf dieser Registerkarte verschiedene Optionen zur Verfügung:

▶ *Liste der konfigurierten Eingabefelder.* Hier werden alle Eingabefelder aufgelistet, die für die Anwendung konfiguriert sind.

▶ *Neu.* Mit dieser Schaltfläche starten Sie einen Assistenten um ein neues Eingabefeld hinzuzufügen. Innerhalb des Assistenten stehen Ihnen folgende Optionen zur Verfügung:

     ✔ *Eingabefeld für Konfiguration wählen.* Um diese Option zu nutzen, muss die konfigurierte Anwendung auf dem Server gestartet werden. Sie können hier das Eingabefeld der Liste hinzufügen.

- ✔ *Speedscreen-Latenzreduktions-manager ausblenden.* Mit dieser Option wird das Fenster für die Anwendungseigenschaften ausgeblendet, um die Übersicht zu behalten.

- ✔ *Funktionalitätsgrad der Speedscreen-Latenzreduktion.* Legt fest, welche Funktionalität das ausgewählte Eingabefeld hat. Normalerweise können Sie die Einstellung auf *automatisch* belassen. Zusätzlich können Sie weitere Einstellungen vornehmen

  - ∀ *Mittel.* Mit dieser Einstellung wird der lokale Text im Eingabefeld mit eingeschränkter Beschleunigung angezeigt. Sie sollten diese Einstellung nur wählen, wenn automatisch nicht funktioniert.

  - ∀ *Niedrig.* Mit dieser Einstellung wird der Text in einer Sprechblase über dem Eingabefeld angezeigt.

  - ∀ *Nicht aktiv.* Diese Option deaktiviert das Eingabefeld für die SpeedScreen Latenzreduktion.

- ▶ *Lokales Textecho für dieses Eingabefeld aktivieren.* Diese Option aktiviert erst das lokale Textecho für das Eingabefeld.

- ▶ *Lokales Textecho beschränken auf.* Hier legen Sie fest, ob das lokale Textecho im Eingabefeld oder in einer Sprechblase angezeigt werden soll.

- ▶ *Verkleinern der Schriftgröße um:* Diese Option ist hilfreich, wenn der Text im lokalen Textecho nicht richtig oder versetzt angezeigt wird. Sie können die Ansicht um einige Prozentpunkte verändern, bis die Ansicht korrekt dargestellt wird.

- ▶ *Verwenden der Systemstandardfarben für:* Diese Option kann hilfreich sein, wenn die Ansicht im Anzeigefeld auf Grund falscher Farbinformationen nicht richtig dargestellt werden kann.

- ▶ *Dies ist ein Kennwort-Eingabefeld mit.* Diese Option legt fest, welches Zeichen für die Ansicht von Kennwörtern in Kennworttextfeldern verwendet werden sollen.

## Konfiguration der Latenzreduktion von ICA-Clients aus

Wenn Citrix-Server für die Verwendung von SpeedScreen konfiguriert sind, können ICA-Clients in der Citrix Program Neighborhood Einstellungen für die Verwendung von SpeedScreen vornehmen. Rufen Sie dazu die Eigenschaften einer Anwendungsgruppe in der Citrix Program Neighborhood auf und wechseln zur Registerkarte Standardoptionen.

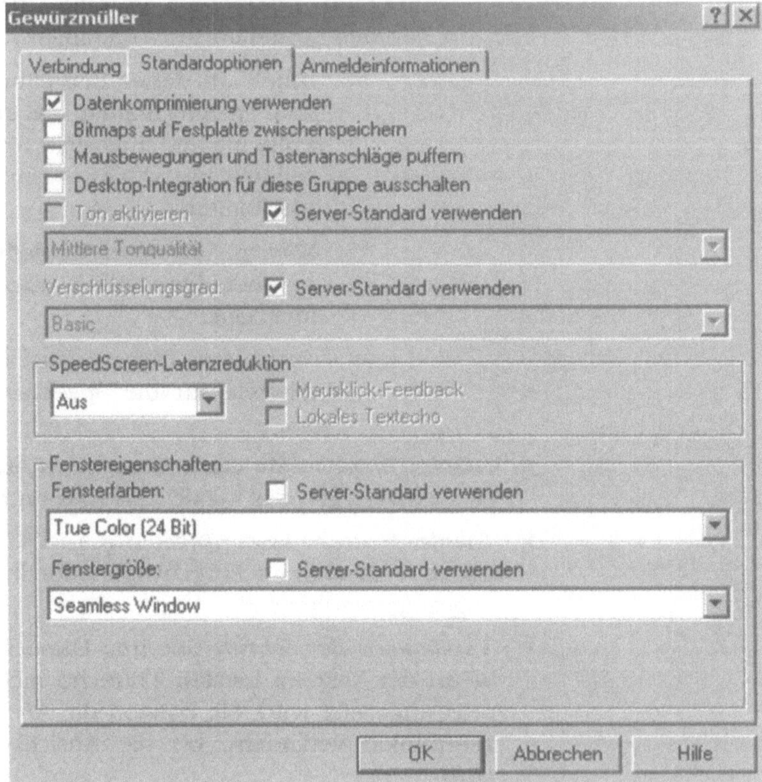


*Abb. 6.52: Speedscreen-Einstellungen im ICA-Client*

Ihnen stehen bezüglich der Latenzreduktion folgende Einstellungen zur Verfügung:

▶ *Automatisch*. Wenn Sie diese Option wählen, entscheidet der ICA-Client automatisch, ob der SpeedScreen verwendet werden soll oder nicht, abhängig von der Netzwerkgeschwindigkeit.

- *Aus.* Wenn Sie diese Option wählen, wird die Speedscreen-Latenzreduktion nicht verwendet, auch nicht, wenn Sie auf dem Server konfiguriert wurde.

- *Ein.* Bei Aktivierung dieser Option wird SpeedScreen auf diesem Client aktiviert.

- *Mausklick-Feedback.* Mit dieser Option wird auf dem Client das Mausklick-Feedback aktiviert.

- *Lokales Textecho.* Diese Option aktiviert das lokale Textecho für diesen Client.

*Tipp*

Benutzer können mit STRG + F4 die Latenzreduktion aktivieren oder deaktivieren.

Standardmäßig ist das Mausklick-Feedback aktiviert und die Latenzreduktion steht auf automatisch.

# Lastenausgleich

Sie können mit Citrix XP die Kapazität einer Serverfarm auf mehrere Server aufteilen. Die Benutzer werden dabei automatisch auf die Server verbunden, die am wenigsten ausgelastet sind.

*Hinweis*

Damit Sie Citrix unter Lastenausgleich verwenden können, müssen Sie entweder XPe oder XPa lizensieren. Die kleinste Variante von Citrix, Metaframe XPs, unterstützt kein Loadbalancing.

## Funktionsweise des Lastenausgleichs

Damit Benutzer automatisch auf die einzelnen Server verteilt werden, müssen die Citrix-Server zunächst Ihre eigene Last berechnen. Jeder Citrix Server gibt seine Lastberechnung an den Datensammelpunkt seiner Zone weiter. Wenn sich Benutzer mit einer Citrix-Farm verbinden, verteilt der Datensammelpunkt die einzelnen Benutzer an den Server mit der wenigsten Last.

## Lastenauswertungsprogramme

Diese Programme dienen  auf dem Citrix-Server zur Feststellung seiner Last, basierend auf verschiedenen Systemparametern, wie CPU- oder Arbeitsspeicherauslastung. Dabei verwenden Lastenauswertungsprogramme Regeln, um festzulegen, welcher Server zum Zeitpunkt des Verbindens eines Benutzers am wenigsten ausgelastet ist. Die Steuerung dieser Lastenauswertungsprogramme erfolgt in der Citrix Management-Konsole.

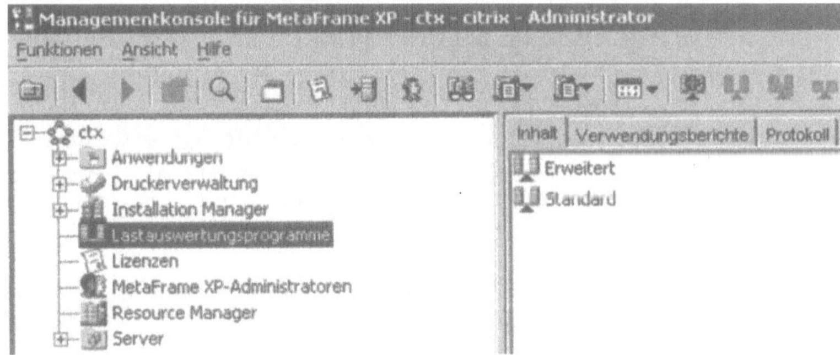

*Abb. 7.1: Lastenauswertungsprogramme*

Sie können Lastenauswertungsprogramme Servern, aber auch veröffentlichten Anwendungen zuordnen. Wenn ein Benutzer auf eine veröffentlichte Anwendung zugreift, wird er automatisch auf einen Server verbunden, er muss keine weiteren Eingaben machen. Aus diesem Grund ist es wichtig, veröffentlichte Anwendungen auf allen Citrix-Servern einer Farm möglichst identisch zu installieren und zu konfigurieren.

## Standard-Lastenauswertungsprogramm

Nach der Installation von Citrix gibt es bereits 2 vordefinierte Lastenauswertungsprogramme, Standard und Erweitert. Das Standard-Lastenauswertungsprogramm basiert auf der Benutzerlast des Servers. Für dieses Programm ist ein Server ausgelastet, wenn sich 100 Benutzer angemeldet haben. Sie können das Standard-Lastenauswertungsprogramm nicht abändern.

*Hinweis*        Wenn Sie auf einem Citrix-Server Metaframe XPa oder XPe installieren, wird ihm automatisch das Standard-Lastenauswertungsprogramm zugewiesen.

Aus meiner Erfahrung sollten Sie einem Citrix-Server möglichst nicht das Standard-Lastenauswertungsprogramm zuordnen, da die einfache Messung von Benutzern nicht für eine verlässliche Messung der Serverlast verwendet werden kann. Ein Citrix-Server kann, abhängig von den gestarteten Anwendungen, bereits bei 20 oder weniger Benutzern ausgelastet sein. Ich verwende als Lastenauswertungsprogramm am liebsten das erweiterte.

## Erweitertes Lastenauswertungsprogramm

Das erweiterte Lastenauswertungsprogramm gibt deutlich verlässlichere Aussagen wieder, ob ein Server ausgelastet ist, oder nicht.

Das erweiterte Lastenauswertungsprogramm basiert auf folgenden Regeln:

▸ *CPU-Auslastung.* Wenn der Server 10 % - CPU Auslastung meldet, ist der Server für das erweiterte Lastenauswertungsprogramm nicht belastet, ab 90 % ausgelastet. Schon alleine diese Messung ist deutlich verlässlicher als die Messung der verbundenen Benutzer.

▸ *Speicherbelegung.* Diese Regel überwacht den Arbeitsspeicher des Servers. Der Server meldet keine Last bei 10 % oder weniger Last und Vollast ab 90 %.

▶ Seitenauslagerung. Diese Regel meldet keine Last, wenn die Seitenauslagerungen des Servers bei 0 liegen und Volllast, wenn Sie über 100 pro Sekunde steigen.

Es reicht, wenn eine Regel Volllast meldet, damit Benutzer nicht mehr auf diesen Server verbunden werden. Auch das erweiterte Lastenauswertungsprogramm darf nicht verändert werden.

*Tipp*

Sie sollten auf allen Servern einer Server-Farm dasselbe Lastenauswertungsprogramm verwenden.

## Benutzerdefinierte Lastenauswertungsprogramme

Außer den bereits vorgefertigten Lastenauswertungsprogrammen können Sie eigene Programme mit eigenen Regeln erstellen. Ihnen stehen dazu verschiedene Leistungsindikatoren zur Verfügung.

▶ *Benutzerlast der Anwendung.* Diese Regel wird auch durch das Standard-Lastenauswertungsprogramm verwendet. Der Leistungsindikator meldet standardmäßig bei 100 Benutzern Volllast. Diese Einstellung kann bei einem benutzerdefinierten Lastenauswertungsprogramm abgeändert werden. Diese Regel kann nur in einheitlichen Umgebungen verwendet werden, nicht in Zusammenarbeit mit Citrix Metaframe 1.8

▶ *Kontextschalter.* Kontextschalter sind Vorgänge die ablaufen, wenn auf einem Server ein Prozess auf den anderen wechselt (multitasking). Diese Schalter sollten möglichst gering bleiben und nicht 15.000 überschreiten.

▶ *CPU-Auslastung.* Dieser Wert misst die Auslastung der CPU und ist so sehr verlässlich bei der Aussage, wie ausgelastet der Server ist.

▶ *Festplattendaten-E/A.* Hier werden die Schreib- und Lesevorgänge auf die Datenträger gemessen. Die Auslastung sollte nicht über 30.000 kbit/s liegen.

▶ *Festplattenvorgänge.* Hier wird nicht die Übertragungsgeschwindigkeit gemessen, sondern die Anzahl der Festplattenvorgänge. Die Vorgänge sollten nicht 100 übersteigen.

▶ *IP-Bereich.* Mit dieser Regel können Sie einen bestimmten IP-Adressbereich von Benutzern für eine bestimmte veröffentlichte Anwendung ausschließen.

- *Lizenzschwellenwert.* Dieser Schwellenwert hat Bedeutung, wenn Sie einem Server direkt Lizenzen zugewiesen haben und diese Lizenzen zu Neige gehen.

- *Speicherbelegung.* Dieser Leistungsindikator misst die Auslastung des Arbeitsspeichers.

- *Seitenfehler.* Die Anzahl der Seitenfehler darf 2000 nicht übersteigen. Seitenfehler entstehen beim häufigen Verwenden der Auslagerungsdatei, weisen also auf einen ausgelasteten Arbeitsspeicher hin.

- *Seitenauslagerung.* Die Seitenauslagerungen sollten pro Sekunde nicht 100 übersteigen.

- *Zeitpläne.* Mit Zeitplänen können Sie den Zugriff auf Server und veröffentlichte Anwendungen zu bestimmten Zeiten unterbinden.

- *Benutzerlast des Servers.* Dieser Indikator misst die Auslastung des Servers mit Benutzern.

## Load-Manager-Monitor

Der Load-Manager-Monitor dient zum Überwachen einzelner Leistungsindikatoren des Servers. Mit dem Load-Manager-Monitor können Administratoren die Auslastung eines Servers leicht überprüfen und messen lassen. Mit dem Monitor können Sie auch Regeln als Ganzes anzeigen lassen und überprüfen wie die Auslastung basierend auf diesen Regeln ist.

Um den Load-Manager-Monitor zu starten, klicken Sie mit der rechten Maustaste auf den Server in der Citrix Management-Konsole und wählen Load-Manager-Monitor. Nach dem Start des Monitors wird Ihnen der Monitor angezeigt mit der Ansicht des Lastenauswertungsprogrammes und den einzelnen Leistungsindikatoren.

Mit dem gleichen Menü ändern Sie auch das Lastenauswertungsprogramm eines Servers ab.

# 8

# Citrix Program Neighborhood - ICA-Client

Um Verbindung mit einem Citrix-Server aufzubauen, wird eine spezielle Anwendung benötigt, die Sie entweder auf dem Rechner installieren müssen oder als Webbrowser-Element vom Server herunterladenkönnen. Es gibt für alle maßgeblichen Betriebssysteme einen passenden Citrix-Client.

*Hinweis*

Alle Einstellungen, die Sie als Benutzer innerhalb der Citrix Program Neighborhood vornehmen, werden im Profil des Benutzers gespeichert. Sie müssen also alle Anwendungen und Einstellungen der Citrix Program Neighborhood für jeden Benutzer auf einem Windows-Rechner vornehmen, oder diese im Standardprofil speichern. Einstellungen, die mit einem Profil vorgenommen wurden, sind in einem anderen nicht vorhanden.

## Installation Citrix Program Neighborhood

Sie können den neuesten ICA-Client immer von der Citrix-Seite im Internet herunterladen.

www.citrix.com

Um ihn zu installieren, klicken Sie einfach doppelt mit der Maustaste auf die Installations-Datei. Sie müssen während der Installation keine besonderen Punkte beachten. Nach der Installation befindet sich ein neues Icon auf dem Desktop, mit der Bezeichnung Citrix Program Neighborhood. Hinter diesem Icon befindet sich der Citrix-Client, mit dem Sie sich mit Ihrer Citrix-Farm verbinden.

*Hinweis*

Wenn Sie mit einem Webbrowser, zum Beispiel dem Internet Explorer, Verbindung zum Webinterface (früher Nfuse) eines Citrix-Servers aufbauen und auf dem Rechner noch kein Citrix-Client installiert ist, werden Sie im Startfenster darauf hingewiesen, dass zunächst der Web-Client noch installiert werden muss. Der Web-Client beinhaltet jedoch nicht die komplette Program Neighborhood, sondern lediglich die notwendigen Dateien um mit dem Webinterface Verbindung aufzubauen. Die eigentliche Arbeit mit dem Citrix-Server unterscheidet sich nicht, die Unterschiede zwischen dem Webinterface und der Program Neighborhood finden sich ausschließlich nur beim Verbindungsaufbau.

> Wenn Sie zahlreiche Benutzer gleichzeitig und über viele Stand-
> orte verteilt an Citrix anbinden müssen, sollten Sie den Einsatz
> des Webinterface in Betracht ziehen. Der Verbindungsaufbau
> zum Webinterface funktioniert über folgende URL
>
> `http://SERVERNAME`
>
> Bei der Installation von Citrix auf einem Terminal-Server wird die
> Standardwebseite des IIS auf das Citrix-Webinterface geändert.

## Automatische Konfiguration eines ICA-Clients

In großen Umgebungen kann es durchaus Sinn machen, in die
Installation des ICA-Clients gleich die Konfiguration Ihrer Citrix-
Verbindungen mit allen notwendigen Einstellungen mitzugeben.
Dies ist grundsätzlich kein Problem. Gehen Sie dazu folgender-
maßen vor:

▶ Installieren Sie auf einem Rechner den ICA-Client.

▶ Nehmen Sie alle Einstellungen vor und konfigurieren Sie alle
Verbindungen, die Benutzer mit diesem Client verwenden
sollen.

▶ Kopieren Sie die Dateien *module.ini*, *wfclient.ini*, *pn.ini* und
*appsrv.ini* in das Setup-Quell-Verzeichnis des ICA-Clients
und ändern die Dateiendung von **.ini*, jeweils in **.src* ab.

▶ Installieren Sie den umkonfigurierten Client auf einen Rechner und alle Einstellungen sind identisch vorhanden.

## Automatisiertes ICA-Client Update

Citrix verbessert ständig seinen ICA-Client und baut Fehlerbehe-
bungen oder neue Features ein. Sie sollten auf den Clientgeräten
möglichst identische und aktuelle Versionen des ICA-Clients installieren, damit keine Fehlerquellen existieren und die Anbin-
dung der Benutzer möglichst identisch ist. Da Sie nach der Installation eines ICA-Clients auf einem Rechner wohl nur noch selten
zu den einzelnen Maschinen kommen werden und Metaframe
hauptsächlich darauf ausgelegt ist, Remote-Benutzer anzubinden
bzw. eine große Anzahl an Benutzern zu verwalten, hat Citrix in
die Server-Verwaltung eine automatisierte Update-Routine integriert.

Dazu hat Citrix in der Programmgruppe ein weiteres Konfigurationsprogramm hinterlegt die

`ICA-Client Update-Konfiguration.`

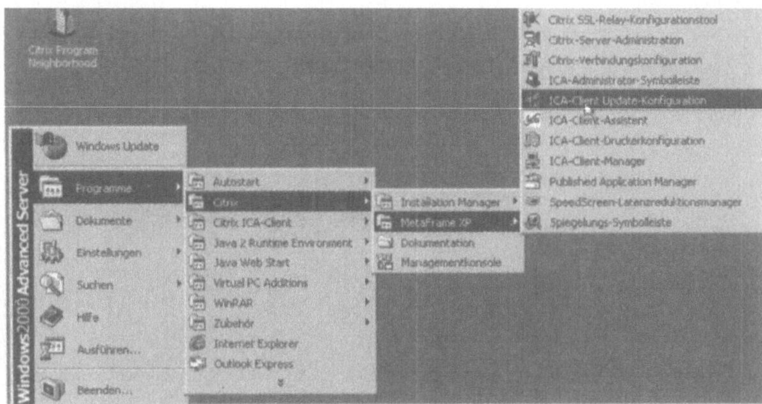

*Abb. 8.1: ICA-Client Update-Konfiguration*

Mit diesem Dienstprogramm, können Sie alle Benutzer, die sich mit dem Citrix-Server verbinden, automatisch auf den neuesten Stand bringen. Um Ihre Benutzer auf den neuesten Stand zu bringen wird folgendermaßen vorgegangen.

▸ Auf einem Citrix-Server wird die aktuellste Version des ICA-Clients gespeichert.

▸ Mit dem Diensteprogramm ICA-Client Update-Konfiguration wird das automatisierte Update konfiguriert.

▸ Wenn sich ein Benutzer mit einem älteren Client verbindet, wird dieser auf die neueste Version gebracht. Es kann konfiguriert werden, dass der Benutzer dabei gefragt wird, oder ob die Aktualisierung im Hintergrund erfolgt.

▸ Nach der Aktualisierung muss sich der Benutzer abmelden, sein Client wird lokal upgedated, dann kann sich der Benutzer wieder anmelden.

### ICA-Client-Update Datenbank

Nach der Installation eines Citrix-Servers ist auf jedem Citrix-Server bereits eine ICA-Client-Update-Datenbank vorhanden. Jeder Citrix-Server hat daher seine eigene Datenbank, die Sie konfigurieren können. Sie können jedoch während der Installation von Citrix Metaframe das Erstellen der Datenbank überspringen, wenn Sie keine Client-CD hinterlegen wollen. Sie können nach der Installation jedoch jederzeit mit dem Diensteprogramm ICA-Client Update-Konfiguration eine Datenbank erstellen. Öffnen Sie dazu das Diensteprogramm ICA-Client Update-Konfiguration, wählen `Datenbank` und dann `Neu`. Wählen Sie einen Speicherort für die Datenbank aus.

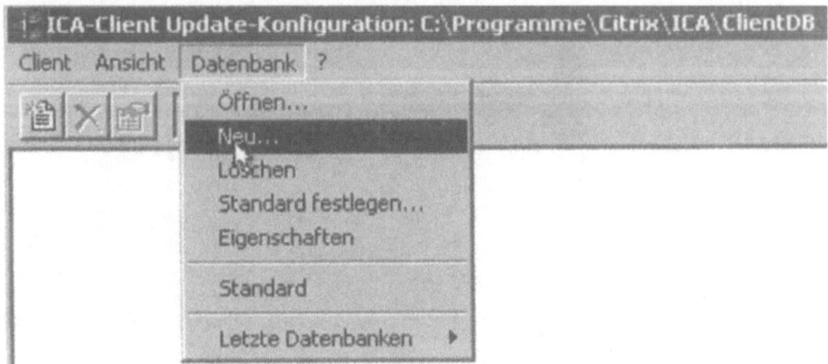

*Abb. 8.2:  ICA-Client Update-Konfiguration, neue Datenbank*

Anschließend können Sie diese Datenbank als Standard für diesen Citrix-Server oder für alle anderen Citrix-Server in der Farm auswählen. Diese Auswahl erfolgt im gleichen Menü wie das Neuerstellen einer Datenbank.

## Hinzufügen von Clients der ICA-Client Update-Konfiguration

Nachdem Sie eine Datenbank erstellt haben, müssen Sie dieser Datenbank noch für jedes Betriebssystem eigene Clients hinterlegen. Die ICA-Clients der Benutzer werden daraufhin mit den hier hinterlegten Clients upgedated. Wählen Sie in der ICA-Client Update-Konfiguration zunächst im Menü `Client`, dann `Neu` aus.

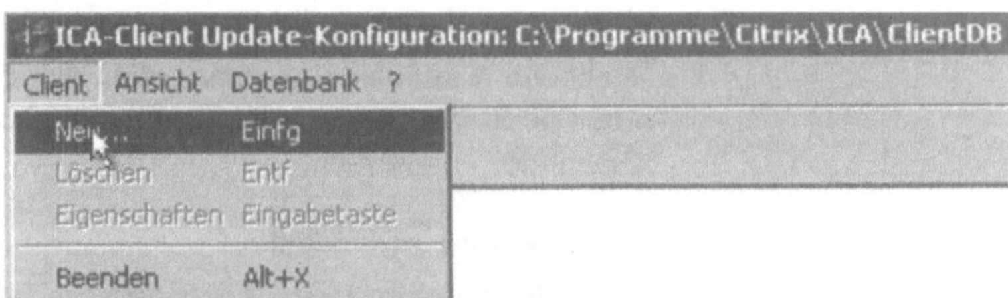

*Abb. 8.3:  ICA-Client Update-Konfiguration, neuer Client*

Im nächsten Menü werden Sie aufgefordert, die Installationsdatei eines Clients auszuwählen. Entpacken Sie am besten vorher die Installationsdatei des aktuellsten ICA-Clients auf dem Server, damit Sie die entsprechende Datei auswählen können.

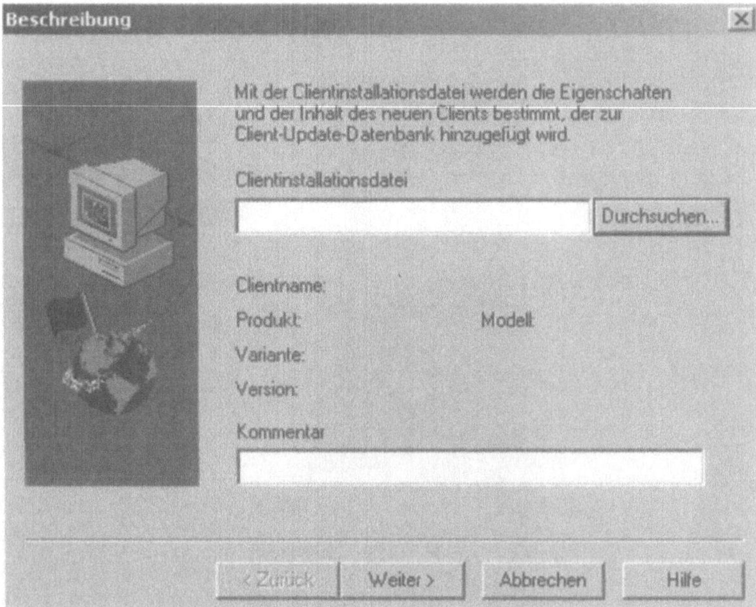

*Abb. 8.4: Auswahl einer Installationsdatei*

Nach der Auswahl der passenden Datei update.ini können Sie
mit den Einstellungen des automatisierten Update-Vorganges be-
ginnen. Dazu müssen Sie im nächsten Fenster die genauen Optionen konfigurieren, die für das Update durchgeführt werden sollen. Sie können auch den Kommentar des ICA-Clients an dieser
Stelle abändern.

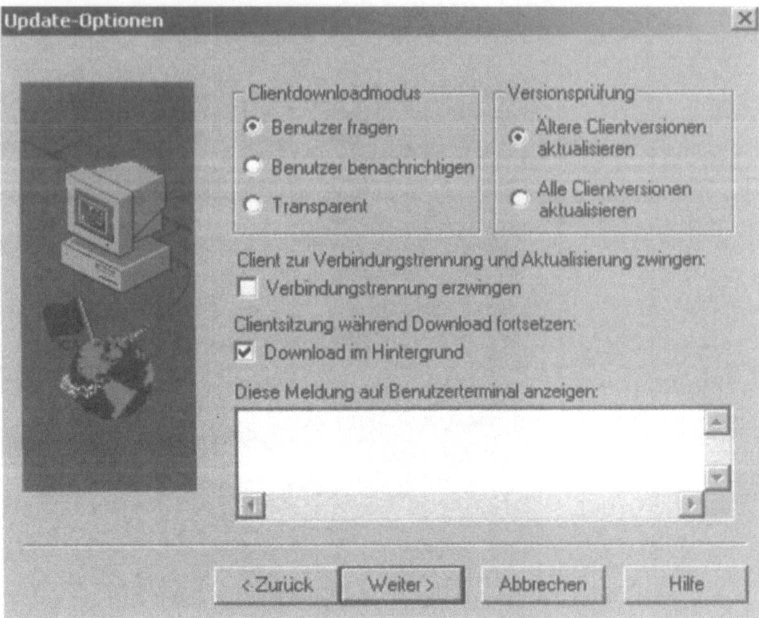


*Abb. 8.5: Konfiguration des Automatisierten Updates*

Ihnen stehen für die Konfiguration folgende Einstellungen zur Verfügung:

- ▶ *Benutzer fragen.* Wenn diese Option aktiviert ist, kann der verbundene Benutzer entscheiden, ob er das Update durchführen will oder erst mit dem alten Client weiterarbeiten will.

- ▶ *Benutzer benachrichtigen.* Mit dieser Option wird der Client des Benutzers auf die neueste Version upgedated und der Benutzer wird darüber informiert.

- ▶ *Transparent.* Bei dieser Option wird das Update komplett im Hintergrund durchgeführt. Der Benutzer kann währenddessen mit seinem alten Client weiterarbeiten.

- ▶ *Ältere Clientversionen aktualisieren.* Wenn diese Option aktiviert wird, werden alle Clients upgedated, deren Versionsstand älter als der in der Datenbank hinterlegte ist.

- ▶ *Alle Clientversionen updaten.* Mit dieser Option werden ausnahmslos alle Clients upgedated. Auch die Clients die evtl. eine neuere Version installiert haben. Diese Funktion kann sinnvoll sein, wenn Sie zur Fehlerbehebung oder aus Kompatibilitätsgründen alle Clients auf den gleichen Stand bringen wollen.

▸ *Verbindungstrennung erzwingen.* Da die Dateien des ICA-Clients auf dem Benutzerrechner in Verwendung sind, kann die Installation nur abgeschlossen werden, wenn sich der Benutzer vom Citrix-Server trennt. Wenn Sie diese Option aktivieren, wird der Benutzer gezwungen, sofort nach dem Herunterladen des Clients seine Verbindung zu trennen. Nach diesem Vorgang wird der Clientrechner des Benutzers auf die neueste Version gebracht und kann sich danach wieder mit dem Citrix-Server verbinden.

▸ *Download im Hintergrund.* Wenn diese Option aktiviert wird, kann der Benutzer während des Downloads des neuen Clients auf seinen Rechner weiter mit seiner Citrix-Sitzung arbeiten. Wenn Sie die Option nicht aktivieren, kann der Benutzer während des Herunterladens des Clients keine Aktionen in seiner Sitzung durchführen.

▸ *Diese Meldung auf dem Benutzerterminal anzeigen:* Hier können Sie eine Meldung eintragen, die Benutzer in Ihrer Sitzung angezeigt bekommen, während der Client heruntergeladen wird. Dies kann vor allem bei eher unbedarften Benutzern eine wertvolle Hilfe sein und vermeidet oft unnötige Support-Anrufe.

Nachdem Sie Ihre Eingaben vorgenommen haben, kommen Sie wieder mit Weiter auf die nächste Seite des Assistenten. Auf der nächsten Seite können Sie konfigurieren, welche Meldungen in die Ereignisanzeige des Citrix-Servers geschrieben werden sollen. Sie können entweder nur fehlerhafte Updates protokollieren lassen, oder alle Update-Vorgänge die durchgeführt werden.

Nachdem Sie auch hier Ihre Eingaben vorgenommen haben, können Sie auf der nächsten Seite des Assistenten die Datenbank und damit die Update-Vorgänge aktivieren. Ab dem Moment der Aktivierung werden Clients, die sich neu verbinden, entsprechend Ihrer Konfiguration auf den neuesten Stand gebracht. Bereits verbundene Benutzer sind davon jedoch nicht betroffen.

*Hinweis*

Es kann immer nur eine Version eines ICA-Clients aktiviert werden. Die Datenbank kann zwar mehrere verschiedene Versionen beinhalten, aber nur eine kann aktiviert werden.

Sie sehen alle Clients im Hauptfenster der Update-Konfiguration und können hier auch jederzeit Clients löschen.

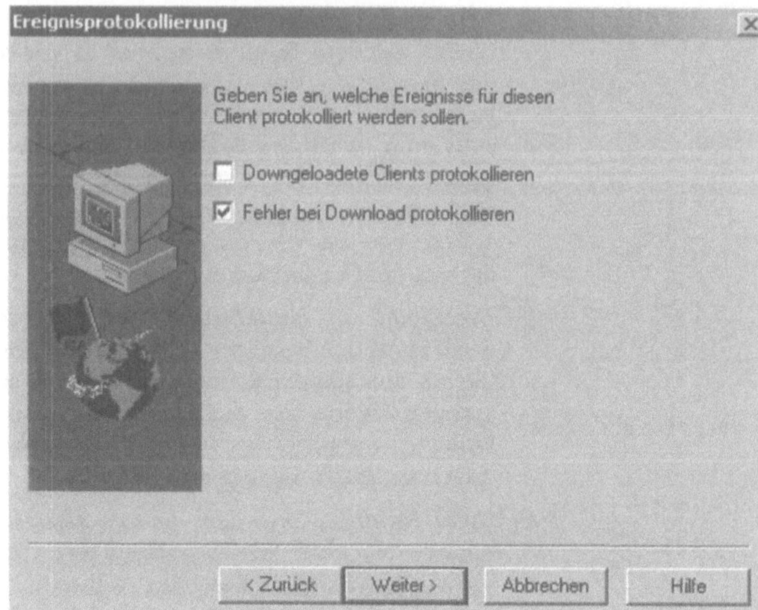


*Abb. 8.6: Protokollierung des automatischen Updates*

## Eigenschaften des ICA-Client-Updates

Sowohl die Update-Datenbank mit allen enthaltenen Clients hat eigene Eigenschaften, die Sie konfigurieren können als auch jeder integrierte ICA-Client.

*Eigenschaften der Datenbank*

Die Eigenschaften der Update-Datenbank rufen Sie im Dienste-Programm *ICA-Client Update-Konfiguration* mit `Datenbank` und dann `Eigenschaften` auf.

In den Eigenschaften der Datenbank können Sie verschiedene Einstellungen vornehmen, die alle Clients betreffen, die in dieser Datenbank integriert sind. Viele der Optionen, die Sie hier einstellen können, haben wir bereits bei der Erstellung besprochen, Sie finden hier jedoch noch ein paar weitere Optionen, deren Bedeutung Sie bei der Verwendung der Funktion kennen sollten. Da Sie mit der Konfiguration der automatischen Updates Ihrer Benutzer alle Clients Ihrer Citrix-Farm konfigurieren, sollten Sie bei der Auswahl Ihrer Optionen äußerst vorsichtig vorgehen.

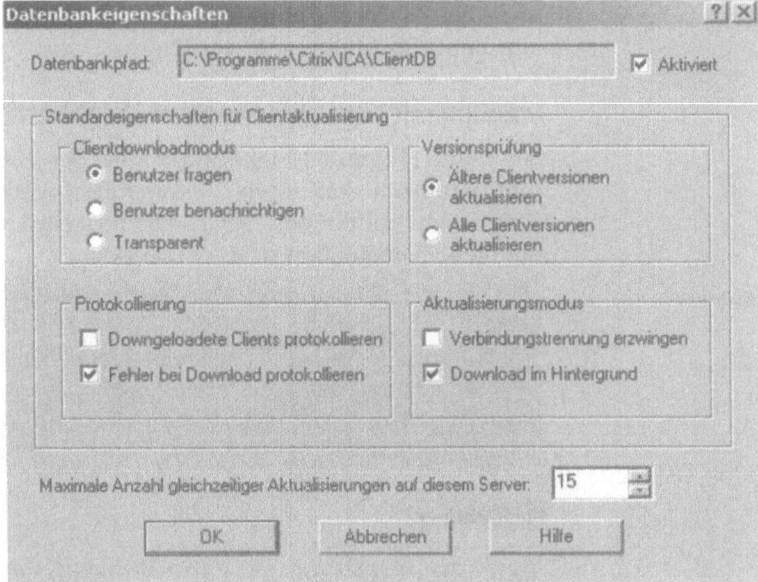

*Abb. 8.7: Eigenschaften der Update-Datenbank*

Wenn Sie Eigenschaften innerhalb einer Datenbank verändern wollen, sollten Sie die Datenbank zunächst deaktivieren. Entfernen Sie dazu den Haken bei der Option Aktiviert. Ab diesem Moment werden keine Benutzer mehr upgedated.

Die zweite Eigenschaft, die Sie in diesem Fenster abändern können, ist die Anzahl der gleichzeitigen Updates der Benutzer. Wenn sich viele Benutzer gleichzeitig anmelden und Sie alle Benutzer zur gleichen Zeit updaten, werden Sie zum einen ein Performance-Problem auf dem Server bekommen, zum anderen Schwierigkeiten mit Ihren WAN-Leitungen, da diese bei der Übertragung von Clientdateien natürlich auch entsprechend belastet werden.

### Eigenschaften des ICA-Clients

Mit der rechten Maustaste können Sie die Eigenschaften des ICA-Clients in der Datenbank aufrufen. Viele der Einstellungen, die Sie hier vornehmen, sind identisch mit den Einstellungen der Datenbank. Sie können die Aktivierung bzw. die Deaktivierung eines ICA-Clients auch in den Eigenschaften direkt des ICA-Clients in der Datenbank vornehmen. In den Eigenschaften, können Sie auch die Größe der einzelnen Dateien sehen, die schlussendlich zum Benutzer übertragen werden.

## Arbeiten mit der Citrix Program Neighborhood

Die Citrix Program Neighborhood ist der eigentliche Client mit dem Benutzer von Ihren Clientgeräten Verbindung zu einem Citrix-Server aufbauen. Die Citrix Program Neighborhood läuft auf allen Clientgeräten unter Windows.

*Hinweis*

Thinclients haben in der Firmware eingebaute abgespeckte Versionen der Citrix Program Neighborhood. Manche Funktionen sind integriert, abhängig vom Hersteller des Gerätes, während andere nicht eingebunden sind. Alle Funktionen der Citrix Program Neighborhood können Sie nur unter Windows ab Version 95 verwenden.

### Einführung

Nach der Installation der Citrix Program Neighborhood auf einem Rechner finden Sie das Programm zum einen im Startmenü unter *Citrix ICA-Client*, zum anderen direkt als Verknüpfung auf dem Desktop.

*Abb. 8.8: Citrix Program Neighborhood*

Wenn Sie das Programm starten, stehen Ihnen eine Vielzahl von Möglichkeiten zur Verfügung, die ich auf den nachfolgenden Seiten besprechen werde. Die Oberfläche der Citrix Program Neighborhood zeigt zunächst, wie alle anderen Windows-Programme zahlreiche Menüs und Symbole an. Sie können mit einer Citrix Program Neighborhood mehrere Verbindungen zu den verschiedensten Citrix-Servern und Farmen verwalten. Sie können sowohl den Verbindungsaufbau direkt zum Desktop eines Servers konfigurieren, sofern Sie diese Option nicht in den Verbindungseinstellungen deaktiviert hatten, als auch den Verbindungsaufbau zu den veröffentlichten Anwendungen einzelner Serverfarmen steuern.

Dabei unterscheidet die Citrix Program Neighborhood zwischen Anwendungsgruppen, also veröffentlichten Anwendungen, und zwischen benutzerdefinierten Verbindungen.

## Anwendungsgruppen

Wenn Sie innerhalb einer Citrix Program Neighborhood mehrere verschiedene Anwendungsgruppen oder benutzerdefinierte Verbindungen konfiguriert haben, können Sie mit der rechten Maustaste auf eine dieser Verbindungen einen Standard festlegen. In diesem Fall versucht die Citrix Program Neighborhood zunächst mit dieser Gruppe eine Verbindung aufzubauen und zeigt die veröffentlichen Anwendungen an.

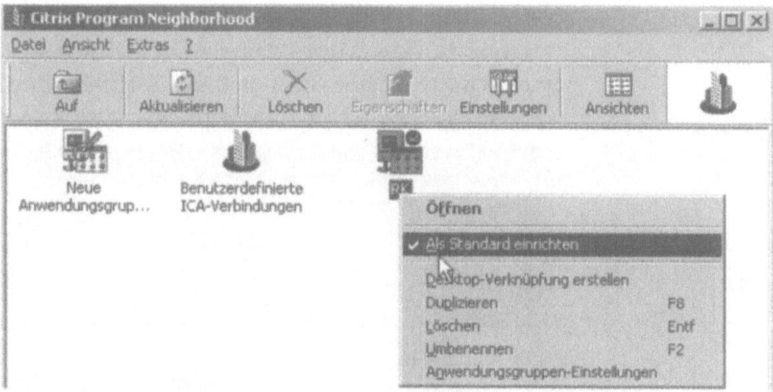

*Abb. 8.9: Definition einer Standard-Verbindung*

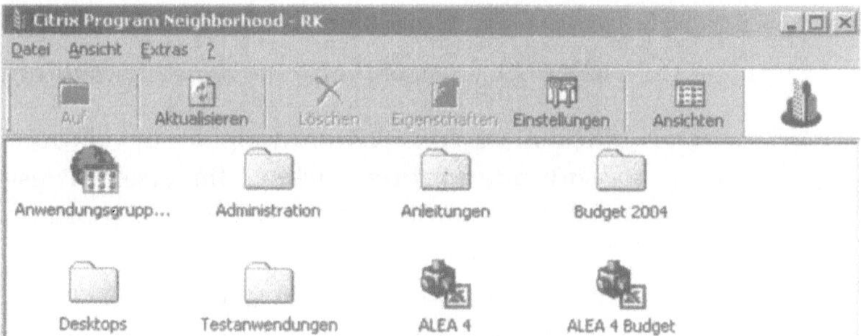

*Abb. 8.10: Benutzeroberfläche der Citrix Program Neighborhood*

Steht die Standard-Verbindung beim Starten der Citrix Program Neighborhood nicht zur Verfügung, erscheint eine Fehlermeldung und Sie können die Verbindung zu einer anderen Gruppe oder einem anderen Server aufbauen. Im Fenster einer Anwendungsgruppe werden alle veröffentlichten Anwendungen dieser Gruppe angezeigt. Sie können mit der Schaltfläche Auf wieder auf das Startfenster der Citrix Program Neighborhood wechseln,

um zu einer anderen Anwendungsgruppe Verbindung aufbauen
zu können.

### Eintragen neuer Anwendungsgruppen

Wenn Sie die Citrix Program Neighborhood starten, wird normalerweise keine Anwendungsgruppe automatisch gefunden. Damit
neue Anwendungsgruppen angezeigt werden, müssen Sie einen
Assistenten starten und die Anwendungsgruppe entsprechend
eintragen. Wenn Sie eine neue Anwendungsgruppe suchen lassen wollen, starten Sie den Assistenten in der Citrix Program
Neighborhood. Wenn das Symbol des Assistenten nicht angezeigt wird, können Sie mit der Schaltfläche Auf ein Fenster weiter hochwechseln, bis das Symbol angezeigt wird.

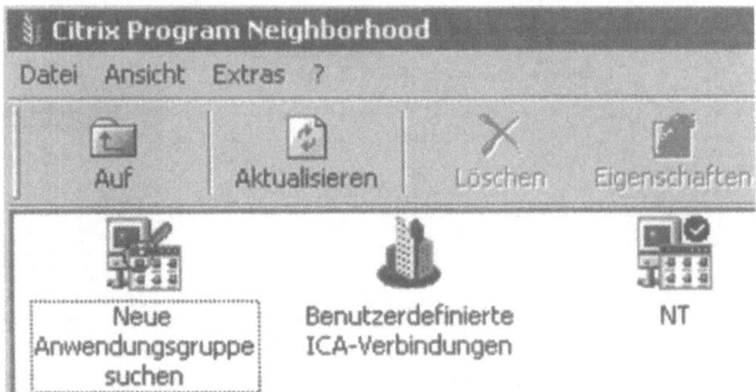


*Abb. 8.11:  Assistent für eine neue Anwendungsgruppe*

Klicken Sie zum Starten doppelt auf den Assistenten Neue Anwendungsgruppe suchen. Im ersten Fenster müssen Sie zunächst auswählen wo die neue Anwendungsgruppe gesucht
werden soll.

Zunächst müssen Sie auswählen, ob sich die Anwendungsgruppe
im gleichen LAN wie der Client des Benutzers befindet, oder
über eine Standleitung im WAN angebunden ist. Zusätzlich können Sie noch auswählen, dass die Anwendungsgruppe per RAS
erreichbar ist. Bei dieser Auswahl haben Sie die Möglichkeit vor
dem Verbindungsaufbau zu einer Citrix-Farm eine bereits konfigurierte DFÜ-Verbindung wählen zu lassen.

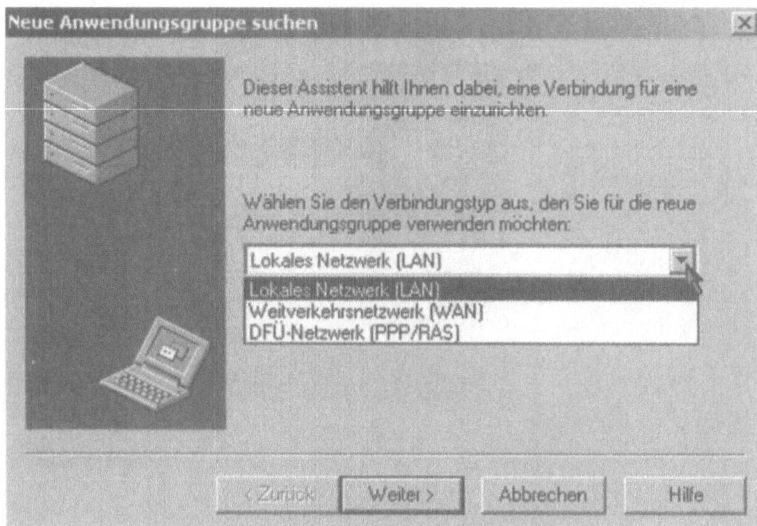


*Abb. 8.12: Suchen einer neuen Anwendungsgruppe*

Im nächsten Fenster des Assistenten legen Sie fest, wie die Anwendungsgruppe in der Citrix Program Neighborhood des Benutzers angezeigt werden soll und wählen die Anwendungsgruppe im Dropdown-Menü aus. Bevor überhaupt eine Anwendungsgruppe angezeigt werden kann, müssen Sie über die Schaltfläche Server-Standort einen Citrix-Server und ein Protokoll festlegen, welcher zum Verbindungsaufbau verwenden werden soll. Über das Menü Netzwerkprotokoll legen Sie fest, mit welchem Netzwerkprotokoll die Anwendungsgruppe auf dem Citrix-Server gefunden werden kann. Damit eine Anwendungsgruppe gefunden werden kann, muss der Citrix-Server natürlich für das entsprechende Protokoll konfiguriert sein.

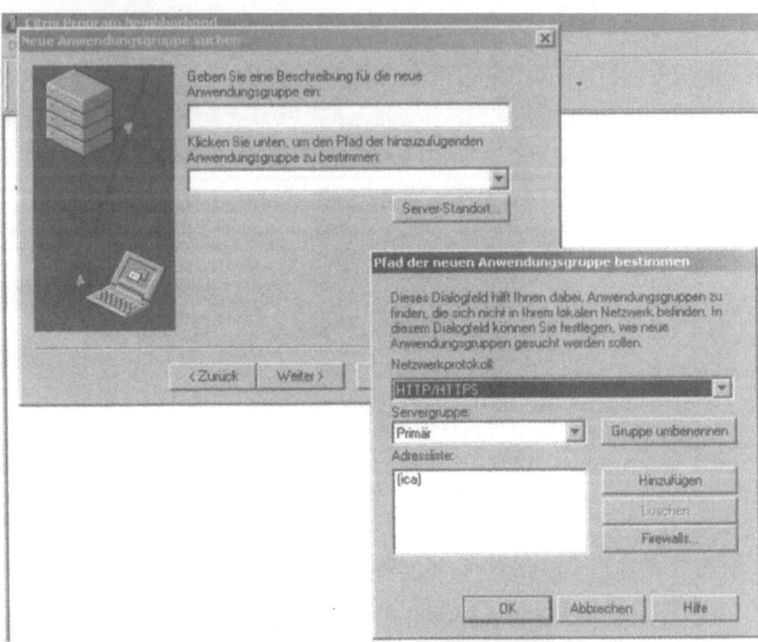

*Abb. 8.13: Festlegen einer neuen Anwendungsgruppe*

*Tipp*

Wenn Sie die Standardeinstellung *HTTP/HTTPS* belassen und keinen Server konfigurieren, versucht der Client mit Hilfe seiner Namensauflösung einen Server mit der Bezeichnung *ICA* zu finden. Sie können zum Beispiel in Ihrem WINS oder DNS-Server für Ihren Citrix-Server einen zusätzlichen Alias eingeben, der auf den Namen ICA verweist.

Unter dem Menü `Servergruppe` können Sie den Namen für die Citrix-Servergruppe abändern und zusätzliche Server angeben, wenn der konfigurierte mal nicht antworten sollte. Es wird immer versucht, zunächst auf die Server der primären Gruppe zuzugreifen, bevor die Sicherungslisten der Reihe nach abgearbeitet werden. Die Citrix Program Neighborhood fragt nach 5 Sekunden den jeweils nächsten Server der Liste ab, bis der erste auf die Anfrage antwortet.

Im Feld `Adressliste` konfigurieren Sie schließlich den Rechnernamen oder die IP-Adresse des Citrix-Servers, der mit dem konfigurierten Protokoll auf die Citrix Program Neighborhood des Benutzers reagieren soll.

*Tipp*

Wenn sich der Citrix-Server im gleichen Subnetz wie der Client befindet, und Sie in den Eigenschaften der Citrix-Farm die Option Sammelpunktserver antworten auf Broadcasts der ICA-Clients gesetzt haben, müssen Sie keinen Server in der Gruppe hier eintragen, da die Anwendungsgruppe durch Broadcasts automatisch gefunden wird.

Wenn in Ihrem Netz kein Server auf die automatische Antwort von Broadcasts konfiguriert ist, müssen Sie in der Liste mindestens einen Citrix-Server der Farm eintragen.

Mit Hilfe der Schaltfläche Firewalls können Sie den Client so konfigurieren, dass er Verbindung über einen Proxy-Server aufbauen kann.

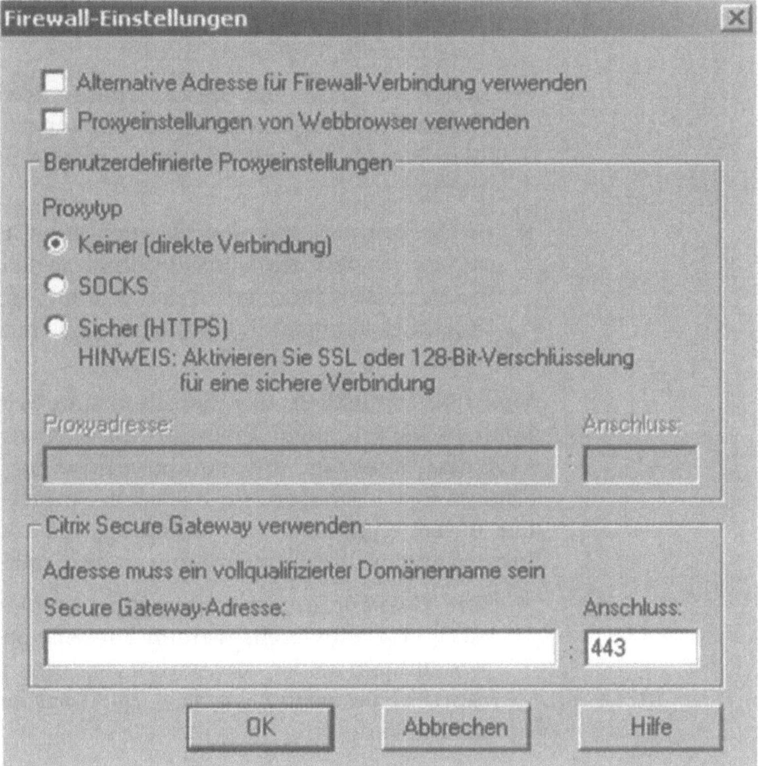


*Abb. 8.14: Verbindung durch eine Firewall*

Die Option Alternative Adresse für Firewall-Verbindung verwenden können Sie benutzen, wenn Sie zusammen mit Ihrer Firewall NAT einsetzen. In diesem Fall müssen Sie in der Adressliste auf der vorherigen Seite die externe IP-

Adresse des Citrix-Servers angeben (verwenden Sie dazu auch auf dem Citrix-Server das Kommandozeilen-Programm *altaddr*).

Sie können hier auch die Einstellungen Ihres Internet Explorers verwenden und müssen identische Einträge nicht für Ihren Webbrowser und für die Citrix Program Neighborhood angeben.

Als Proxy-Typ können Sie zwischen drei verschiedenen Varianten wählen:

▸ *Keiner (direkte Verbindung).* Diese Option können Sie verwenden, wenn Ihr Client direkt über das Internet an den Citrix-Server geroutet wird, also kein Proxy-Server zwischengeschaltet ist.

▸ *SOCKS.* Hier tragen Sie die IP-Adresse oder den Namen Ihres SOCKS-Proxys ein und die dazugehörige Anschlussnummer (meistens 80, 8080 oder 3128).

▸ *Sicher (HTTPS).* Mit dieser Option können Sie eine SSL-Verbindung zum Citrix-Server aufbauen und benötigen auch hier Namen oder IP-Adresse, sowie Anschlussnummer des Proxys.

▸ *Citrix Secure Gateway verwenden.* Das Citrix Secure Gateway ist ein zusätzliches Citrix-Produkt, welches die Möglichkeit bietet, einen Citrix-Server sicher über SSL, also mit Hilfe von Verschlüsselung und Zertifikaten ins Internet zu veröffentlichen.

Wenn Sie schließlich alle Eingaben zum Server-Standort vorgenommen haben, steht Ihnen im Drop-Down Menü (Abbildung 8.13) der Name der Anwendungsgruppe zur Verfügung und Sie können diese eintragen. Im nächsten Fenster des Assistenten stehen Ihnen Optionen zur Verfügung, mit denen die einzelnen Anwendungen Ihrer Anwendungsgruppe angezeigt werden.

▸ *Ton für diese Anwendungsgruppe übertragen.* Wenn Sie diese Option aktivieren, werden alle Klänge der einzelnen Anwendungen in der Anwendungsgruppe zum Client übertragen. Voraussetzung ist, dass im Client eine Soundkarte eingebaut ist.

▸ *Fensterfarben.* In diesem Menü können Sie auswählen, mit welcher Farbtiefe die Anwendungen angezeigt werden sollen. Damit die ausgewählte Farbenauswahl beim Client auch angezeigt wird, muss dessen Client-Rechner und ICA-Client-Version die Farbtiefe unterstützen.

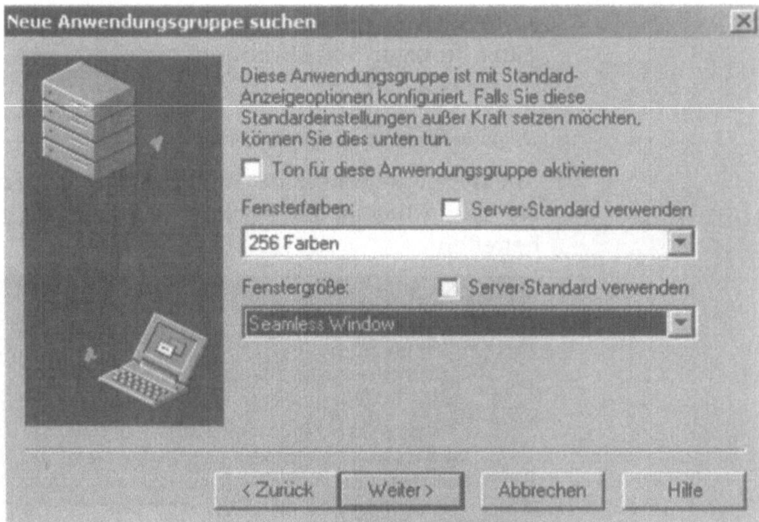


*Abb. 8.15: Ansicht der Anwendungen*

▶ *Fenstergröße.* Hier legen Sie fest, mit welcher Auswahl die Anwendungen auf dem Client angezeigt werden. Die Option Seamless Window zeigt die Anwendungen auf dem Clientgerät so an, als ob Sie lokal laufen würden, die Anwendungen werden ohne Sitzungsfenster angezeigt. Ansonsten können Sie hier weitere Auswahlmöglichkeiten bis hin zum Vollbild treffen.

Nachdem Sie auch diese Auswahlmöglichkeiten eingegeben haben, wird die Anwendungsgruppe mit den konfigurierten Optionen in der Citrix Program Neighborhood angezeigt und Sie können mit einem Doppelklick Verbindung zu ihr aufnehmen.

## Eigenschaften einer Anwendungsgruppe

Nachdem Sie eine Anwendungsgruppe für die Citrix Program Neighborhood konfiguriert haben, können Sie deren Eigenschaften nachträglich abändern. Klicken Sie dazu mit der rechten Maustaste auf die gewünschte Anwendungsgruppe und rufen deren Einstellungen auf. Ihnen stehen drei Registerkarten zur Verfügung, auf denen Sie die Gruppe konfigurieren können. Auf der Registerkarte *Verbindung* können Sie die Verbindungseinstellungen abändern, die Sie bereits beim Erstellen der Verbindung mit dem Assistent konfiguriert hatten. Die Optionen der beiden anderen Registerkarten konnten während der Durchführung des Assistenten nicht konfiguriert werden, sondern stehen ausschließlich nur in den Optionen der Anwendungsgruppe in

schließlich nur in den Optionen der Anwendungsgruppe in der Citrix Program Neighborhood zur Verfügung.

*Registerkarte Standardoptionen*

Auf dieser Registerkarte stellen Sie verschiedene Optionen ein, die das Arbeiten mit Anwendungen dieser Anwendungsgruppe betreffen.

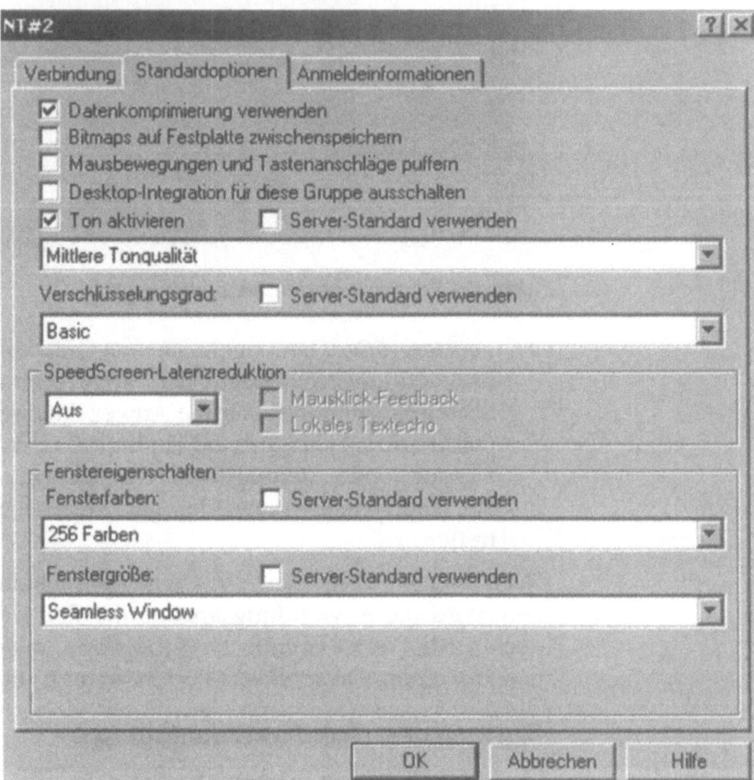


*Abb. 8.16:  Eigenschaften einer Anwendungsgruppe*

▶ *Datenkomprimierung verwenden.* Diese Option ist bereits standardmäßig aktiviert. Es wird der komplette Datenverkehr zwischen Server und Client komprimiert. Dies kann bei schmalbandigen Leitungen oder vielen Benutzern durchaus sinnvoll sein, belastet jedoch die Prozessorlast des Servers, der die Daten komprimieren muss. Wenn Ihre Benutzer mit einer schnellen Leitung oder im LAN arbeiten, sollten Sie diese Option deaktivieren.

▸ *Bitmaps auf Festplatte zwischenspeichern.* Wenn Sie diese Option aktivieren, werden grafische Objekte und Bitmaps lokal auf dem Client-Rechner beim erstmaligen Abrufen gespeichert. Dadurch ist sichergestellt, dass grafische Daten, die bereits übertragen wurden, nicht noch mal übertragen werden müssen. Wenn Sie auf dem ersten Fenster des Assistenten zum Suchen neuer Anwendungsgruppen WAN oder DFÜ-Verbindung auswählen, wird die Option aktiviert, bei LAN-Verbindungen wird Sie nicht aktiviert.

▸ *Mausbewegungen und Tastenschläge puffern.* Wenn Sie diese Option aktivieren, werden Mausbewegungen und Eingaben mit der Tastatur nicht sofort an den Citrix-Server übertragen, sondern zunächst auf dem Client gepuffert. Dadurch wird allerdings eine Verzögerung zwischen Eingaben und deren Ansicht auf dem Citrix-Server erzeugt. Durch diese Option lässt sich die Performance für schmalbandige Verbindungen steigern.

▸ *Desktop-Integration für diese Gruppe ausschalten.* Wenn Sie diese Option aktivieren, besteht die Möglichkeit, die veröffentlichten Anwendungen auf dem Citrix-Server so zu konfigurieren, dass Sie wie lokale Anwendungen im Starmenü und auf dem Desktop des Benutzers angezeigt werden.

Alle weiteren Einstellungen, die Sie hier vornehmen, wurden bereits weiter vorne in diesem Buch behandelt.

*Registerkarte Anmeldeinformationen*

Auf dieser Registerkarte können Sie Ihre Anmeldeinformationen direkt hinterlegen. Dadurch ist zwar sichergestellt, dass Sie zum Verbindungsaufbau für die Anwendungsgruppe keine Informationen mehr eingeben müssen, die Sicherheit Ihres Clients wird dadurch jedoch beeinträchtigt, da Benutzer, die Zugriff auf Ihren Rechner bekommen, auch Verbindung zu Ihren Citrix-Sitzungen aufbauen können.

## Starten von Anwendungen

Wenn Sie nach dem Verbindungsaufbau zu einer Anwendungsgruppe oder wenn Sie direkt einen Verbindungsaufbau zu einem Server wünschen, die Anwendung in der Citrix Program Neighborhood doppelklicken, wird versucht, die Anwendung auf dem konfigurierten Server bzw. der Farm zu öffnen.

Wenn die Anwendung so konfiguriert ist, dass Sie eine Anmeldung erfordert, werden Sie von Citrix dazu aufgefordert, Ihren Benutzernamen, die Windows-Domäne und das Kennwort einzugeben. Die Eingabe der Benutzerinformationen erfolgt normalerweise direkt beim Verbindungsaufbau zur entsprechenden Anwendungsgruppe.

## Benutzerdefinierte ICA-Verbindungen

Diese Verbindungen sind die zweite Variante, mit der Sie Verbindung zu einem Citrix-Server aufbauen können. Während Sie mit den Anwendungsgruppen Verbindung zu den veröffentlichten Anwendungen einer Citrix-Farm aufbauen, können Sie mit einer benutzerdefinierten ICA-Verbindung direkt auf den Desktop eines bestimmten Citrix-Servers zugreifen. Diese Option kann jedoch in den ICA-Verbindungseinstellungen deaktiviert werden, wie weiter vorne in diesem Buch bereits beschrieben wurde.

## Erstellen einer neuen benutzerdefinierten ICA-Verbindung

Auch zum Erstellen von benutzerdefinierten ICA-Verbindungen gibt es in der Citrix Program Neighborhood einen Assistenten.

*Abb. 8.17: Benutzerdefinierte ICA-Verbindung*

Wird das Symbol dieses Assistenten nicht angezeigt, können Sie auch hier mit der Schaltfläche Auf das Fenster wechseln, bis das Symbol erscheint. Die Konfiguration der benutzerdefinierten ICA-Verbindungen funktioniert analog zur Konfiguration einer Anwendungsgruppe und kann daher leicht abgeleitet werden. Der Hauptunterschied besteht wie gesagt darin, dass Anwendungsgruppen Verbindung zu veröffentlichten Anwendungen einer bestimmten Server-Farm aufbauen. Sie selbst können jedoch nicht bestimmen, auf welchen Citrix-Server Sie durch den Lastenausgleich verbunden werden. Bei benutzerdefinierten ICA-Verbindungen bauen Sie keine Verbindung zu veröffentlichten Anwendungen auf, sondern direkt zum Desktop eines bestimmten Citrix-Servers. Die Arbeit mit diesen Verbindungen ist dabei identisch mit den Anwendungsgruppen, das gilt auch für die Optionen, die Sie verwenden können.

## Einstellungen der Citrix Program Neighborhood

Außer den Einstellungen für die einzelnen Verbindungen, die Sie für Ihre Citrix Program Neighborhood konfiguriert haben, können Sie noch Einstellungen vornehmen, die für alle Verbindungen dieser Citrix Program Neighborhood Gültigkeit haben. Sie finden diese Einstellungen im Menü Extras im Startfenster der Citrix Program Neighborhood.

## ICA-Einstellungen

Die ICA-Einstellungen sind das erste Menü, das Sie konfigurieren können.

*Abb. 8.18: ICA-Einstellungen der Citrix Program Neighborhood*

Ihnen stehen zur Konfiguration dieser globalen Einstellungen 4 Registerkarten zur Verfügung:

*Registerkarte Allgemein*

Auf der ersten Registerkarte nehmen Sie Einstellungen allgemeiner Natur vor. Hier tragen Sie zum Beispiel den Namen des Clients ein, mit dem er sich am Citrix-Server meldet. Mit diesem Client-Namen können zum Beispiel Drucker- und Laufwerkszuordnungen durchgeführt werden. Hier legen Sie auch das Tastaturlayout- und den –typ fest.

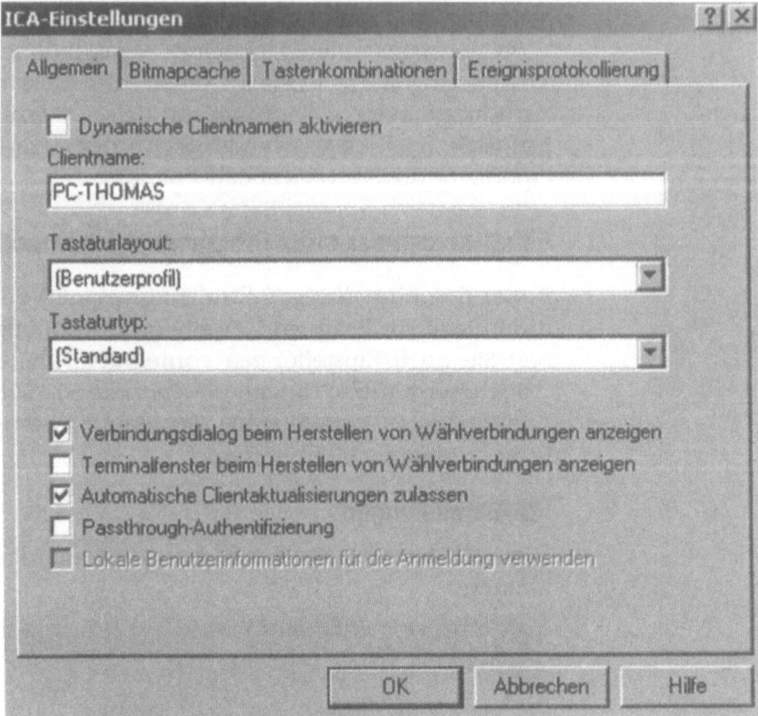

*Abb. 8.19: Allgemeine ICA-Einstellungen*

Zusätzlich stehen Ihnen hier weitere Optionen zur Verfügung:

▶ *Verbindungsdialog beim Herstellen von Wählerverbindungen anzeigen.* Wenn diese Option aktiviert ist, wird bei DFÜ-Verbindungen der Dialog angezeigt und Benutzer können Veränderungen am DFÜ-Eintrag vornehmen.

▶ *Terminalfenster beim Herstellen von Wählverbindungen anzeigen.* Damit können Sie ein Terminalfenster einblenden, indem Sie Befehle eingeben können, wenn zum Verbindungsaufbau Drittherstellerprodukte verwendet werden. Diese Option werden Sie nur extrem selten verwenden.

▶ *Automatische Clientaktualisierungen zulassen.* Wenn diese Option aktiviert ist, kann dieser Client automatisch durch den Citrix-Server aktualisiert werden, wie bereits weiter vorne in diesem Kapitel beschrieben wurde.

▶ *Passthrough-Authentifizierung.* Wenn Sie diese Option aktivieren und zusätzlich die Option *Lokale Benutzerinformationen für die Anmeldung verwenden* müssen Sie sich nicht mehrmals an der Citrix-Farm authentifizieren, sondern die bereits eingegebenen Informationen werden für weitere Authentifizierungen verwendet.

*Registerkarte Bitmapcache*

Sie können für einzelne ICA-Verbindungen grafische Objekte und Bitmaps auf dem Client zwischenspeichern lassen. Das hat den Vorteil, dass einmal übertragene Grafiken nicht mehrmals unnötigerweise übertragen werden. Auf dieser Registerkarte legen Sie fest, wie groß der Bitmapcache dieses Clients ist, wo der Cache gespeichert wird und welche Grafiken mit welcher Größe zwischengespeichert werden sollen.

Auf dieser Registerkarte können Sie den bereits aufgebauten Cache mit der Schaltfläche Cache jetzt löschen leeren lassen.

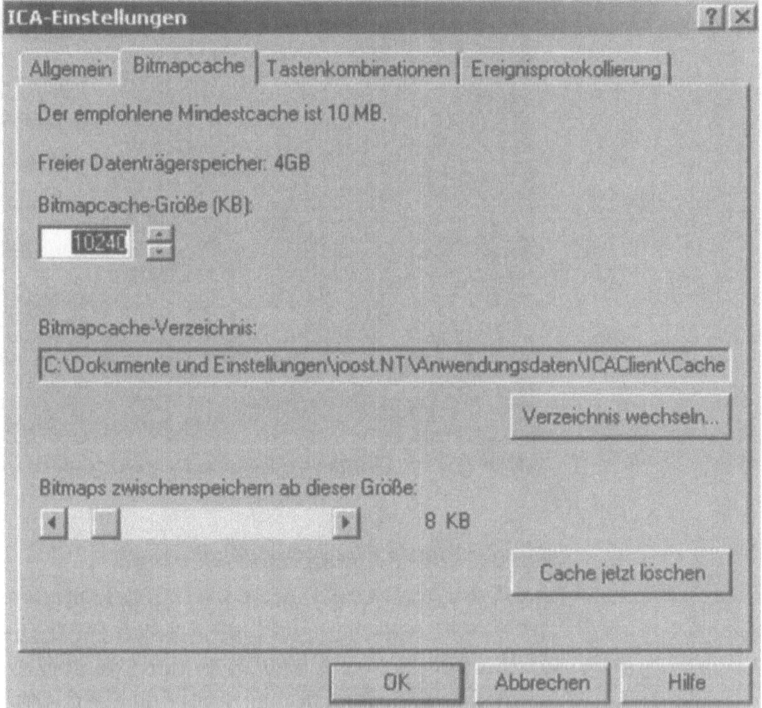


*Abb. 8.20: Bitmapcache-Einstellungen*

*Hinweis*

Der Bitmapcache jedes Benutzers liegt in dessen Profil. Das heißt, jeder Benutzer auf einem Rechner hat seinen eigenen Cache, der auch Plattenplatz benötigt.

*Registerkarte Tastenkombinationen*

Auf der nächsten Registerkarte legen Sie fest, welche lokalen Tastenkombinationen mit welchen Umschaltungen auf dem Citrix-Server funktionieren. Durch Pflege dieser Liste lässt sich die Arbeit von Benutzern oft stark vereinfachen.

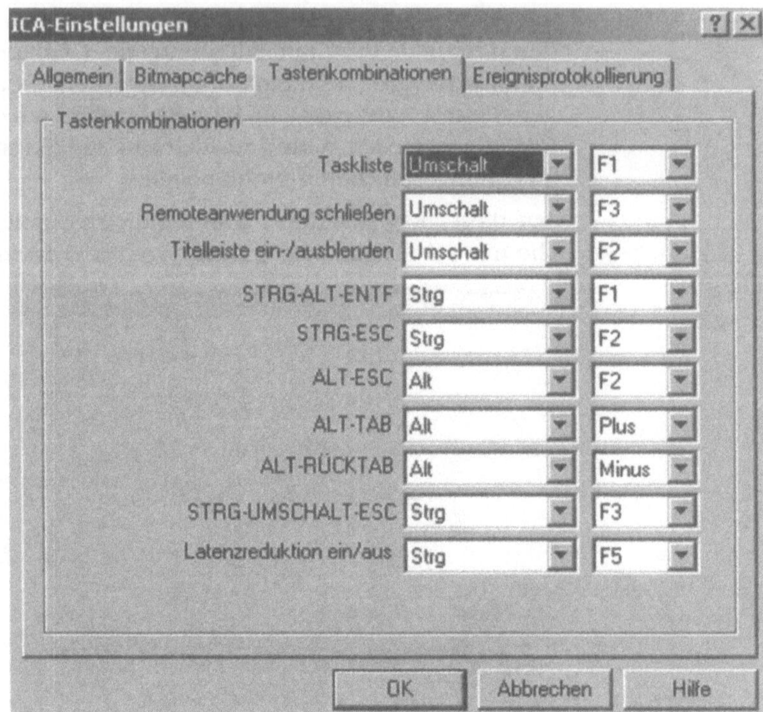


*Abb. 8.21: Tastenkombinationen der Citrix Program Neighborhood*

*Registerkarte Ereignisprotokollierung*

Auf der nächsten Registerkarte legen Sie fest, welche Ereignisse auf dem Client in einem Protokoll festgehalten werden sollen. Die Ereignisse werden nicht in der Ereignisanzeige des Rechners festgehalten, sondern in einer eigenen Protokolldatei, deren Speicherplatz Sie auch auf dieser Registerkarte festlegen können.

# Citrix Befehls-Referenz

Neben den bereits behandelten Themen, gibt es in Citrix Metaframe zahlreiche Bereiche und Befehle, die nicht in der grafischen Oberfläche, sondern in der Kommandozeile durchgeführt werden. Mit vielen dieser Befehle werden Sie nicht arbeiten müssen, da Sie teilweise häufig für die Fehlerbehandlung verwendet werden. Oft werden die Befehle jedoch auch für die tägliche Administration oder der Erweiterung und der Veröffentlichung verwendet. Zusätzlich gibt es viele Tools und Programme, die nicht standardmäßig von Citrix mitgeliefert werden, aber ansonsten frei im Internet verfügbar sind. Im nachfolgenden Kapitel habe ich alle Befehle, die ich für meine tägliche Arbeit mit Citrix ständig verwende, aufgelistet und erläutert. Sollte es sich bei den einzelnen Tools nicht um Standardprogramme handeln, habe ich Ihnen eine Quelle aufgezählt, von der Sie das jeweilige Programm herunterladen können.

Viele Befehle, die Sie für die Arbeit mit Citrix-Servern verwenden, sind auch kein Bestandteil von Citrix, sondern werden bereits von Microsoft geliefert. Diese Befehle habe ich bereits weiter vorne in diesem Buch ausgiebig erläutert.

## ACRCFG

Dieses Tool dient für die Einstellungen für die automatische Wiederverbindung von Clients:

*ACRCFG ( [/SERVER:sss] | [/FARM] ) [ /QUERY | /Q ]*

*ACRCFG ( [/SERVER:sss] | [/FARM] ) [/INHERIT:on | off]*

*[/REQUIRE:on | off] [/LOGGING:on | off]*

| | |
|---|---|
| /LOGGING:on \| off | Aktiviert Protokollierung von Clientwiederverbindungen |
| /SERVER:sss | Server anzeigen/ändern; Standard ist lokaler Server |
| /FARM | Zeigt/ändert farmweite Einstellungen |
| /QUERY, /Q | Fragt aktuelle Einstellungen ab |
| /INHERIT:on \| off | Übernimmt Einstellungen von Farm |
| /REQUIRE:on \| off | Benutzerauthentifizierung verlangen |

*Abb. 9.1: ACRCFG*

## ALTADDR

Dieses Tool verwenden Sie, um einem Citrix-Server eine zusätzliche IP-Adresse zuzuweisen. Sie benötigen diese Funktion zum Beispiel, wenn Sie einen Citrix-Server ins Internet veröffentlichen wollen und dieser Citrix-Server zusätzlich zu seiner LAN-IP-Adresse eine IP-Adresse im Internet erhalten soll. Die alternative Adresse ist eine externe Adresse, die Clients außerhalb einer Firewall bekannt ist und mit der Sie Verbindung zu diesem Citrix-Server aufbauen.

*ALTADDR [/SERVER: Servername] [/SET alternative Adresse] /V*

*ALTADDR [/SERVER: Servername] [/SET Adapteradresse alternativeAdresse] /V*

*ALTADDR [/SERVER: Servername] [/DELETE [Adapteradresse]] /V*

*Beispiel:*

Wenn Sie Ihren Citrix-Server zum Beispiel mit der Internetadresse 1.1.1.1 veröffentlichen wollen, müssen Sie auf dem Citrix-Server direkt folgenden Befehl eingeben

```
altaddr /set 1.1.1.1
```

| /SERVER:Name | Server der konfiguriert werden soll |
|---|---|
| /SET | Setzt alternative TCP/IP-Adresse |
| /DELETE | Löscht eine alternative IP-Adresse wieder |
| [/V | Ausführlicher Anzeigemodus |
| /? | Zeigt Hilfe an |

*Abb. 9.2: ALTDDR*

## APP

App ist ein Skriptinterpreter direkt für Citrix-Sitzungen. Viele Programme benötigen für eine stabile Arbeit auf einem Terminal-Server bestimmte Voraussetzungen, wie zum Beispiel Dateien, die in bestimmte Verzeichnisse kopiert werden müssen. Dazu schreiben viele Administratoren Skript-Dateien, mit denen diese Programme gestartet werden. Mit dem Befehl App lassen sich diese Programme dann aufrufen.

```
App SKRIPTDATEINAME
```

Wenn App ohne eine Skriptdatei gestartet wird, erscheint eine Fehlermeldung. Die Skriptdatei muss sich dabei im Verzeichnis

```
%systemroot%\scripts
```

befinden.

Administratoren sollten in der entsprechenden Skriptdatei allerdings keine Befehle eines anderen Interpreters verwenden, da diese von App nicht gelesen werden können. Für App stehen folgende Befehle zur Verfügung.

| Copy Quelle\Dateiliste (* auch möglich) Zielverzeichnis | Kopiert Dateien aus dem Quellverzeichnis in das Zielverzeichnis |
|---|---|
| Delete Verzeichnis\Dateiliste | Löscht Dateien aus dem Verzeichnis |
| Deleteall Verzeichnis\Dateiliste | Löscht alle Dateien im Verzeichnis |
| Execute | Führt das Programm aus, welches in der Skriptdatei mit dem Schalter PATH gesetzt wurde.<br><br>Das Arbeitsverzeichnis ist dabei das Verzeichnis, dass mit dem Schalter WORKDIR gesetzt wurde |
| Path | Pfad zur auszuführenden Datei |
| Workdir | Arbeitsverzeichnis des Programmes. Wird nicht zur Ablage von Benutzerdaten verwendet, sondern für temporäre Dateien, die das auszuführende Programm benötigt. |

*Abb. 9.3: APP*

*Beispiel 1:*

*path c:\winnt\system32\wordpad.exe*
*workdir c:\temp*
*execute*

Wenn Sie diese Skriptdatei mit app starten, wird das Programm WordPad gestartet und das Arbeitsverzeichnis von WordPad auf das Temp-Verzeichnis gelegt.

*Beispiel 2:*

*path c:\winnt\system32\notepad.exe*

*workdir c:\temp*

*copy c:\dokus*.doc c:\temp*

*execute*

*deleteall c:\temp*.**

Dieses Programm startet Notepad, legt das Arbeitsverzeichnis von Notepad auf das Temp-Verzeichnis und kopiert Dateien. Nach der Beendigung des Programmes werden die zuvor kopierten Dateien wieder gelöscht.

## APPUTIL

Dieses Tool ist Bestandteil von Feature Release 3. Sie müssen für die Ausführung auf dem Citrix-Server eine Lizenz für das Feature Release 3 eingebunden haben.

Mit Apputil können Sie Citrix-Server zu veröffentlichten Anwendungen hinzufügen oder entfernen.

| | |
|---|---|
| apputil [ /? ] | Zeigt die Hilfe an |
| apputil [ /q ] | Zeigt eine Liste aller veröffentlichten Anwendungen an |
| apputil [ /i applicationID servername ] | Fügt den Server der veröffentlichten Anwendung hinzu. Die IP der Anwendung erfahren Sie mit dem Schalter /q |
| apputil [ /u applicationID servername ] | Entfernt den Server aus der Liste für die zur Verfügung stehenden Server der veröffentlichten Anwendung |

*Abb. 9.4: APPUTIL*

## AUDITLOG

Mit diesem Befehl werden An- und Abmeldeberichte in die Ereignisanzeige des Servers geschrieben. Citrix verwendet dazu das Sicherheitsprotokoll. Damit auditlog funktioniert, muss die Richtlinie zur Überwachung in den Gruppenrichtlinien oder der lokalen Richtlinie auf dem Server aktiviert werden.

*AUDITLOG*

*[benutzername | sitzung] [/BEFORE:mm/tt/jj] [/AFTER:mm/tt/jj]*

*[/WRITE:Dateiname | [/TIME | /FAIL | /ALL | /DETAIL]]*
*[/EVENTLOG:Dateiname]*


*AUDITLOG [/CLEAR[:Sicherungsdateiname]]*

| | |
|---|---|
| Benutzername | Benutzer, für den ein Protokoll erstellt wird |
| Sitzung | Sitzung, für die ein Protokoll erstellt wird |
| /BEFORE:mm/tt/jj | Vorgänge nach mm/tt/jj protokollieren |
| /AFTER:mm/tt/jj | Vorgänge nach mm/tt/jj protokollieren |
| /WRITE:Dateiname | Ausgabe in Datei 'Dateiname' senden |
| /TIME | An-/Abmeldezeiten melden |
| /FAIL | Fehlschlag von Anmeldungen melden |
| /ALL | Alle An-/Abmeldungen protokollieren |

| /DETAIL | Detailprotokoll für alle Vorgän-ge, n. verwendet mit /time |
| --- | --- |
| /EVENTLOG:Dateiname | ' Dateiname' als Eingabe für AUDITLOG verwenden |
| /CLEAR:Dateiname | Protokoll löschen, altes Proto-koll als ' Dateiname' speichern |

*Abb. 9.5: AUDITLOG*

## CHANGE CLIENT

Mit diesem Befehl können Sie das aktuelle Festplattenlaufwerk oder die Einstellungen für LPT- und COM-Zuweisungen ändern.

Die aktuellen Zuordnungseinstellungen des Clients „ndern.

*CHANGE CLIENT [/VIEW | /FLUSH | /CURRENT]*

*[/NOREMAP] [/PERSISTENT] [/FORCE_PRT_TODEF]*

*[/DELETE host_device] [host_device client_device]*

| /VIEW | Zeigt eine Liste aller verfügba-ren Clientgeräte an |
| --- | --- |
| /FLUSH | Leert den Clientcache für die Laufwerkszuordnung |
| /CURRENT | Zeigt die aktuellen Gerätezu-ordnungen des Clients an |
| /DEFAULT | Setzt Clientlaufwerks- und Dru-ckerzuordnungen auf Standard |

| | |
|---|---|
| /DEFAULT_DRIVES | Setzt Clientlaufwerkszuordnungen auf Standardwerte |
| /DEFAULT_PRINTERS | Setzt Clientdruckerzuordnungen auf Standardwerte |
| /ASCENDING | Verwendet aufsteigende Suchrichtung (Standard absteigend) |
| /NOREMAP | Keine Laufwerksbuchstaben zuordnen, die auf Host existieren |
| /PERSISTENT | Speichert die aktuellen Clientzuordnungen im Benutzerprofil |
| /FORCE_PRT_TODEF | Setzt Standarddrucker für Sitzung auf Desktopstandard |
| /DELETE | Löscht das zugeordnete Clientgerät |
| host_device | Name, der einem zugeordneten Clientgerät zu geben ist |
| client_device | Name des Clientgeräts, der Host_Device zuzuordnen ist |

*Abb. 9.6: CHANGE CLIENT*

*Hinweis*

Wenn Sie CHANGE CLIENT ohne einen Parameter aufrufen, werden alle aktuellen Zuordnungen des Clients angezeigt. Dies hat die gleiche Bedeutung wie der Schalter /current.

*Beispiel*

Wenn Sie zum Beispiel das Laufwerk C: eines Clients auf dem Terminal-Server als V: zuordnen wollen, müssen Sie den Befehl

```
change client v: c:
```

eingeben.

*Tipp*

Damit Benutzer Ihre lokalen Laufwerke auf dem Terminalserver auch manuell verbinden können, müssen sie entweder eine Verknüpfung erstellen oder in der Kommandozeilen folgenden Befehl direkt eingeben:

```
\\client\c$
```
für das lokale Festplattenlaufwerk

oder

```
\\client\a$
```
für das lokale Diskettenlaufwerk

Diese Befehle funktionieren auch, wenn die automatische Zuordnung der Clientlaufwerk in der Citrix Management-Konsole abgeschaltet wurden.

# CHFARM

Mit diesem Befehl können Sie die Farmzugehörigkeit eines Citrix-Servers ändern.

*Hinweis*

Sie können nur mit dem Befehl CHFARM einen Citrix-Server aus einer Farm in eine andere Farm verschieben, dies ist mit keinem anderen Programm möglich. In der Citrix Management-Konsole können Sie einen Citrix-Server nur aus einer Farm entfernen, nicht wieder aufnehmen.

Dieser Befehl wird oft verwendet, wenn Citrix-Server geklont werden. So können Sie leicht einen geklonten und dann umbenannten Server in eine neue Citrix-Farm integrieren. Sollte bei Ihnen CHFARM nicht automatisch installiert worden sein, können Sie es von der Citix-XP-Installations-CD nachinstallieren. CHFARM wird zwar manuell aufgerufen, da es dafür keine Verknüpfung im Startmenü gibt, das Programm selber hat aber eine grafische Oberfläche.

Gehen Sie mit dem Befehl sehr vorsichtig um.

## CLICENSE

Dieses Tool dient zum Verwalten Ihrer Citrix-Lizenzen aus der Kommandozeile.

### Lizenzen hinzufügen und entfernen

*add <Serien_Nummer>*

*remove <Lizenz_Zeichenfolge>*

*force_remove <Lizenz_Zeichenfolge>*

### Lizenz aktivieren

*activate <Lizenz_Zeichenfolge> <Aktivierungs_Code>*

### Lizenz zuweisen

*assign <Lizenz_Gruppen_ID> <Server_Name> <Nummer_Zum_Zuweisen>*

### Allgemeine Lizenzsystem-Anfragen

*strings*

*products*

*connections*

### Erweiterte Lizenzsystem-Anfragen

*servers_using <Lizenz_Gruppen_ID>*

*in_use_by <Server_Name>*

*in_set <Lizenz_Gruppen_ID>*

*sets_in <Lizenz_Zeichenfolge>*

*assigned_to <Server_Name>*

*servers_assigned <Lizenz_Gruppen_ID>*

*available_for_assignment <Lizenz_Gruppen_ID>*

*read_db [Datei_Name]*

*refresh*

Sie können alle Funktionen von clicense auch in der Citrix Management-Konsole durchführen.

## CLTPRINT

Mit diesem Befehl verwalten Sie die zur Verfügung stehenden Druckerpipes eines Clients, die durch den Druckerspooler verwendet werden. Druckerpipes werden verwendet um Druckaufträge von Anwendungen zum Druckspooler zu übertragen.

*Hinweis*

Die Anzahl der Pipes gibt die gleichzeitigen Druckaufträge wieder, die aus verschiedenen Anwendungen möglich sind. Standardmäßig dürfen Clients 10 gleichzeitige Druckaufträge durchführen.

Damit die Änderungen auch verwendet werden, muss die Druckerwarteschlange in der Druckersteuerung neu gestartet werden. Während des Durchstartens der Druckerwarteschlange können Clients auf dem Server nicht mehr drucken und alle Druckvorgänge die derzeit gespoolt werden, werden gelöscht und können nicht mehr hergestellt werden. Diese Aufträge müssen von den jeweiligen Benutzern neu gedruckt werden.

*CLTPRINT [/q] [/pipes:nn] [/?]*

| /q | Zeigt die aktuelle Anzahl der Druckerpipes an |
|---|---|
| /pipes:nn | Setzt die Pipe-Anzahl auf die angegebene Zahl |
| /? | Zeigt die Hilfe an |

*Abb. 9.7: CLTPRINT*

## CTXXMLSS

Mit diesem Befehl können Sie die Portnummer des XML-Dienstes, also der Webschnittstelle, ändern. Sie benötigen Administratorrechte, um den Citrix XML-Dienst konfigurieren zu können.

*ctxxmlss [Schalter]*

| [/?] | Hilfe anzeigen |
|---|---|
| [/Rnnn] | Dienst auf Anschluss nnn registrieren |
| [/U] | Registrierung von Dienst aufheben |
| [/Knnn] | Keep-Alive nnn Sekunden (Standard: 9) |

*Abb. 9.8: CTXXMLSS*

## DRIVERMAP

Sie können die lokalen Laufwerke eines Citrix-Servers von standardmäßig C, D und E auf andere Buchstaben legen, zum Beispiel X, Y oder Z. Dies hat den Vorteil, dass die Clientlaufwerke von Benutzern als C, D und E verbunden werden können, und Ihre Benutzer nicht aus Versehen auf die Serverplatten zugreifen wollen.

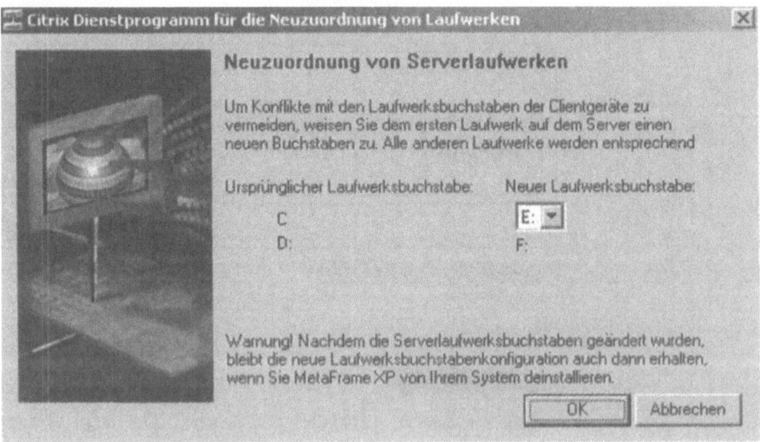


*Abb. 9.9: DRIVEREMAP*

Sie rufen DRIVEREMAP über Start/Ausführen oder in der Kommandozeile auf.

## DSCHECK

Mit diesem Befehl, können Sie die Integrität des Datenspeichers Ihrer Serverfarm überprüfen lassen. Wenn Sie DSCHECK in der Kommandozeile aufrufen, werden die Datensätze des Datenspeichers auf Konsistenz überprüft und eine entsprechende Meldung ausgegeben.

Mit dem Schalter /clean können Sie inkonsistente Datensätze löschen lassen. Fertigen Sie aber zuvor eine Sicherung Ihres Datenspeichers an.

*Hinweis*

Wenn Sie inkonsistente Daten gelöscht haben, sollten Sie den lokalen Hostcache auf allen Citrix-Servern der Farm neu aufbauen lassen (siehe Befehl dsmaint weiter hinten).

Jeder Citrix-Server hat für die schnelle Arbeit eine lokale Kopie des Datenspeichers gecacht.

## DSMAINT

DSMAINT ist wohl unter allen zusätzlichen Tools das wichtigste Programm, welches Sie zur Fehlerbehebung und zur Verwaltung Ihrer Citrix-Farm benötigen. Sie können mit diesem Tool verschiedenste Aufgaben hauptsächlich für den Datenspeicher, also den IMA-Dienst, durchführen.

*DSMAINT [ CONFIG | BACKUP | FAILOVER | COMPACTDB | COMPARE | MIGRATE | PUBLISHSQLDS | RECOVER | RECREATELHC ]*

## CONFIG

Ändern der Parameter, die von IMA zur Verbindung mit dem Datenspeicher verwendet werden.

*DSMAINT CONFIG [/user:<Benutzername>] [/pwd:<Kennwort>] [/dsn:<Dateiname>]*

## BACKUP

Mit dem Schalter BACKUP können Sie auf dem Citrix-Server, auf dem der Datenspeicher in Access-Form liegt, eine Sicherung des Datenspeichers durchführen. Geben Sie zusätzlich einen Pfad an, in dem die Datensicherung gespeichert werden kann.

## FAILOVER

Mit diesem Befehl können Sie auf einem Citrix-Server den direkten Zugriff auf den Datenspeicher auf einen anderen Server umlenken.

## COMPACTDB

Mit diesem Befehl können Sie die Datenbank komprimieren, wenn der Datenspeicher unter Access funktioniert. Ihnen stehen dazu zwei weitere Schalter zur Verfügung:

*/ds*

Mit diesem Schalter geben Sie die Datenbank an, die komprimiert werden soll.

*/lhc*

Mit diesem Schalter können Sie den Cache-Speicher des lokalen Servers angeben. Dieser wird nach Eingabe sofort komprimiert.

## COMPARE

Vergleicht den migrierten Datenspeicher mit dem Quelldatenspeicher.

Dieser Vorgang sollte nur unmittelbar nach der Migration verwendet werden.

*DSMAINT COMPARE*
*</SRCDSN:dsn1> </SRCUSER:user1> </SRCPWD:pwd1>*
*</DSTDSN:dsn2> </DSTUSER:user2> </DSTPWD:pwd2>*

*Hinweis*

Sie können unter Citrix XP den Datenspeicher von einer Datenbank in eine andere migrieren. Dazu steht Ihnen den Befehl `dsmaint migrate` zur Verfügung (siehe nächste Seite). Dieser Vorgang wird häufig dazu verwendet, den Datenspeicher von Access auf die sichere Microsoft SQL-Server oder Oracle-Datenbank zu migrieren.

## MIGRATE

Mit diesem Befehl können Sie den Datenspeicher einer Citrix-Farm von einer Datenbank, zum Beispiel Access, in eine andere migrieren, zum Beispiel Microsoft SQL-Server oder Oracle.

*DSMAINT MIGRATE*

*</SRCDSN:dsn1> </SRCUSER:user1> </SRCPWD:pwd1>*

*</DSTDSN:dsn2> </DSTUSER:user2> </DSTPWD:pwd2>*

*[/PATCHINDEX:1 to enable]*

Sie müssen dazu mit den verschiedenen Schaltern sowohl die Quell-DSN als auch die Ziel-DSN mit Kennwort eingeben.

### Durchführen einer Migration des Datenspeichers

Anleitung zur Migration des Citrix Metaframe XP Data Store auf SQL Server 2000. Ich habe Ihnen auf den folgenden Seiten die Schritte kurz erläutert. Gehen Sie am besten nach der Reihenfolge vor, die ich Ihnen hier beschrieben habe:

▶ Auf dem SQL Server muss eine neue Datenbank angelegt werden (z.B. „CITRIX").

▶ Es wird ein neuer SQL Benutzer angelegt (z.B. User: „CITRIX" – Kennwort: „SQLCITRIX").

▶ Dem Benutzer wird im SQL Server das Recht „DBO" für die Citrix Datenbank zugewiesen.

▶ Auf dem Citrix Server muss eine neue Datei DSN angelegt werden, die auf die soeben erstellte SQL Datenbank verweist. (Z. B. Datei: „SQLIMA.DSN" im Ordner „C:\IMADSN" .) Dieser Ordner muss auf alle Citrix Server kopiert werden.

▸ Auf dem Citrix Server wird folgender Kommandozeilenbefehl ausgeführt.

*Dsmaint migrate /srcdsn:"c:\programme\citrix\independent management architecture\mf20.dsn" /srcuser:citrix /srcpwd:citrix /dstdsn:"c:\IMADSN\SQLIMA.DSN" /dstuser:CITRIX /dstpwd:SQLCITRIX*

Es sollten 2 Statusbalken erscheinen – sind 100 % erreicht, meldet der Citrix Server „Migration des Datenspeichers erfolgreich".

▸ Um auf die SQL Datenbank zuzugreifen, muss die neue DSN auf allen Citrix Servern scharfgeschaltet werden. Hierzu wird folgender Kommandozeilenbefehl auf allen Citrix Servern ausgeführt.

*Dsmaint config /user:CITRIX /pwd:SQLCITRIX /dsn:"C:\IMADSN\SQLIMA.DSN"*

Es muss die Meldung erscheinen, dass die Verbindung zur Datenquelle erfolgreich hergestellt wurde.

▸ Wurde dieser Befehl auf allen Citrix Servern ausgeführt, muss der IMA Dienst auf allen Citrix Servern neu gestartet werden.

Zur Kontrolle des Datenspeichers kann das Tool „Citrix Metaframe Enterprise Tracer" benutzt werden. Dieses Tool können Sie kostenlos von der Citrix-Homepage im Internet herunterladen.

`www.citrix.com`

Außerdem können Sie noch den dsmaint compare-Befehl verwenden, wie weiter vorne beschrieben.

### Durchführen einer automatischen Replikation

Wenn Sie in Ihrem Unternehmen zwei SQL-Server einsetzen, können Sie den Citrix-Datenspeicher zusätzlich noch replizieren lassen. Dadurch ist sichergestellt, dass beim Ausfall eines Citrix-Servers die Farm schnell wieder hergestellt werden kann. Gehen Sie dabei folgendermaßen vor:

▶ Auf einem 2. SQL Server 2000 wird ebenfalls eine neue Datenbank angelegt. Der Name sollte am besten identisch mit der scharfen Citrix Datenbank sein.

▶ Es wird ein neuer SQL Benutzer angelegt (z.B. User: „CITRIX" – Kennwort: „SQLCITRIX".(siehe oben).

▶ Auf dem 1. SQL Server wird mit einem Rechtsklick auf „Replikation" die Option „Publizierung, Abonnenten und Verteilung konfigurieren" ausgewählt.

▶ Der 1. SQL Server wird als Verteiler konfiguriert.

▶ Die Einstellungen des Snapshot Ordners mit den vordefinierten Einstellungen bestätigen – Warnung ignorieren.

▶ Die Frage „Möchten Sie die Publizierungs- und Verteilungseinstellungen anpassen?" wird mit „Nein" beantwortet.

▶ Nach einem Klick auf Fertig stellen ist der 1. SQL Server als Verteiler konfiguriert.

▶ Auf dem 2. SQL Server mit einem Rechtsklick auf „Replikation" die Option „Publizierung, Abonnenten und Verteilung konfigurieren" ausgewählt.

▶ In der Registerkarte „Publikationsdatenbanken" wird bei der Citrix Datenbank der Haken bei „Trans" gesetzt.

▶ In der Registerkarte „Abonnenten" wird der 2. SQL Server ausgewählt.

▶ Nach Bestätigen mit „OK" sollte unter der Citrix Datenbank auf dem 1. SQL Server eine Hand erscheinen, die Datenbank ist jetzt für die Replikation aktiviert.

▶ Auf einem Citrix Server wird folgender Kommandozeilenbefehl ausgeführt

*Dsmaint publishsqlds /user:CITRIX /pwd: SQLCITRIX*

Es erscheint die Meldung „Die Publikation `MFXPDS` wurde erfolgreich erstellt"

Auf dem 1. SQL Server erscheint jetzt unter „Publikationen" die MFXPDS:citrix Publikation (evtl. muss mit F5 die Ansicht aktualisiert werden).

▸ Nach einem Rechtsklick auf die MFXPDS Publikation die Option „Push für neues Abonnement erstellen" auswählen.

▸ Auf dem „Willkommen" Bildschirm den Haken für Erweiterte Optionen setzen.

▸ Im Bildschirm „Abonnenten auswählen" muss der 2. SQL Server ausgewählt werden.

▸ Als Name der Abonnentendatenbank sollte „CITRIX" vordefiniert sein. Ist dies nicht der Fall, muss die neu angelegte Datenbank auf dem 2. Server ausgewählt werden.

▸ Die Option „Den Agent auf dem Verteiler ausführen" auswählen.

▸ Im nächsten Fenster kann zwischen fortlaufender Replikation und Replikation nach Zeitplan entschieden werden. (Empfehlung: fortlaufende Replikation)

▸ Bei „Abonnement initialisieren" den Haken „Snapshot Agent starten..." setzen. Die restlichen Einstellungen sind bereits vordefiniert.

▸ Im nächsten Fenster „Aktualisierbare Abonnement" wird konfiguriert was passiert, wenn in die Zieldatenbank (2. SQL Server) Daten geschrieben werden. Die Option „Keine: Daten werden nicht repliziert" macht die Zieldatenbank zu einer „read only" Datenbank. Es können keine außer die von Originaldatenbank replizierten Daten in die Datenbank geschrieben werden.

Für einen Citrix Data Store empfiehlt sich die Option „Sofortiges Aktualisieren". In diesem Fall werden Daten, die in die Zieldatenbank geschrieben werden, sofort mit der Originaldatenbank repliziert.

▸ Die erforderlichen Dienste im nächsten Fenster bestätigen und den Assistenten abschließen. Die Datenbank wird jetzt repliziert. Um Sicherzustellen, dass die Replikation ordnungsgemäß funktioniert, sollte der Replikationsmonitor überwacht werden.

## RECOVER

Mit diesem Befehl können Sie einen mit dsmaint Backup gesicherten Informationsspeicher auf Access-Basis wieder herstellten. Sie müssen den Befehl auf einem Citrix-Server durchführen, der direkten Zugang zum Datenspeicher der Citrix-Farm hat.

## RECREATELHC

Jeder Citrix-Server hat ein lokales Abbild des Datenspeichers als Cache abgelegt. Mit dem Befehl dsmaint recreatelhc zwingen Sie den Citrix-Server, Verbindung zum Datenspeicher aufzubauen und den Cache zu aktualisieren.

## ICAPORT

Ein weiteres Citrix-Dienstprogramm ist der Befehl ICA-Port. Mit diesem Befehl können Sie die ICA-Portnummer des Citrix-Servers anzeigen lassen oder Ändern. Alle Benutzer, die mit dem ICA-Protokoll auf den Citrix-Server zugreifen, verwenden den hier konfigurierten Port.

*Hinweis*

Nach der Änderung muss der Citrix-Server neu gestartet werden und bei allen Clients die Anschlussnummer ebenfalls geändert werden. Standardmäßig versucht die Citrix Program Neighborhood zum Port 1494 Verbindung aufzubauen.

*ICAPORT /QUERY | /PORT:num | /RESET*

| /QUERY | Aktuelle Einstellung anzeigen |
|---|---|
| /PORT:num | TCP/IP-Anschluss zu 'num' ändern |
| /RESET | TCP/IP-Anschluss auf 1494 zurücksetzen |

*Abb. 9.10: ICAPORT*

## IMAPORT

Programm zum Ändern der IMA-Anschlusskonfiguration.

*IMAPORT  {  /QUERY  |  /SET  {IMA:<num>  |  DS:<num>  |*
*CMC:<num>}*  |  /RESET {IMA  |  DS  |  CMC  |  ALL} }*

| /QUERY | Fragt aktuelle Einstellung ab |
|---|---|
| /SET<br>Verf ügbare Optionen:<br><br>IMA:<num><br><br>CMC:<num><br><br><br>DS:<num> | Setzt angegebene TCP/IP-Anschlüsse auf num<br><br>Setzt IMA-Kommunikations-anschluss auf num<br><br>Setzt CMC-Verbindungs-anschluss auf num<br><br>Setzt Datenspeicher-Serveranschluss auf num<br><br>(Nur für indirekte Server) |
| /RESET<br><br><br><br>IMA<br><br>CMC<br><br><br>DS<br><br><br>ALL | Setzt angegebenen TCP/IP-Anschluss zurück auf Standardwert<br><br>Setzt IMA-Kommunikation-sanschluss zurück auf 2512<br><br>Setzt CMC-Verbindungs-anschluss zurück auf 2513<br><br>Setzt Datenspeicher-Serveranschluss zurück auf 2512<br><br>Setzt alle Anschlüsse auf Standardwerte zurück |

*Abb. 9.11: IMAPORT*

## MIGRATETOMSDE

Seit dem Servicepack 3 für Citrix Metaframe XP haben Sie die Möglichkeit den Datenspeicher auch in einer Microsoft SQL Server Desktop Edition (MSDE) zu speichern. Verwenden Sie dazu dieses Diensteprogramm.

Sie finden das Programm im Citrix Servicepack 3-Verzeichnis im Unterordner `support\msde`.


## MLICENSE

Verwenden Sie mlicense, um mehrere Lizenzen dem Datenspeicher der Farm hinzuzufügen, sie zu aktivieren, sie zu sichern und sie zu extrahieren.


*MLICENSE    [ ADD  |  ACTIVATE  |  BACKUP  |  EXTRACT_UNACTIVATED ]*


## QUERY

Neben DSMAINT ist QUERY mit Sicherheit einer der wichtigsten Tools um Ihre Citrix-Server zu verwalten. Sie können mit Query zahlreiche Informationen aus der Farm abrufen.


*QUERY { FARM  |  PROCESS  |  SERVER  |. SESSION  |  TERMSERVER  |  USER }*


### Query FARM

Informationen über Server in der lokalen Farm anzeigen.


*QUERY FARM [server [/ADDR  | /APP  | /APP AppName  | /LOAD]]*

*[/TCP] [/IPX] [/NETBIOS] [/CONTINUE]*

*[/APP  | /APP AppName  | /DISC  | /LOAD  | /OFFLINE  | /OFFLINE ZoneName  |*

*/ONLINE  | /ONLINE ZoneName  | /PROCESS  | /ZONE  | /ZONE ZoneName]*

| /TCP | TCP/IP-Daten anzeigen |
|---|---|
| /IPX | IPX-Daten anzeigen |
| /NETBIOS | NetBIOS-Daten anzeigen |
| /ADDR | Adressdaten auf dem gewählten Server anzeigen |
| /APP | Anwendungsnamen und Serverauslastung anzeigen |
| /DISC | Daten der getrennten Verbindungen anzeigen |
| /LOAD | Serverauslastung anzeigen |
| /OFFLINE | Offline-Server anzeigen |
| /ONLINE | Online-Server anzeigen |
| /PROCESS | Aktive Prozesse anzeigen |
| /ZONE | Zonen und Datensammelpunkte anzeigen |
| /CONTINUE | Keine Pause nach den einzelnen Ausgabeseiten |

*Abb. 9.12: Query Farm*

### Query Process

Zeigt Informationen zu den laufenden Prozessen in der Serverfarm an.

*QUERY PROCESS [* | Prozesskennung | Benutzername | Sitzungsname | /ID:nn | Programmname] [/SERVER:Servername]*

| Prozesskennung | Zeigt Prozesse anhand der Prozesskennung an |
|---|---|
| Benutzername | Zeigt alle Prozesse an, die zum Benutzer gehören |
| Sitzungsname | Zeigt alle Prozesse der Sitzung an |
| /ID:nn | Zeigt alle Prozesse der Sitzung "nn" an |
| Programmname | Zeigt alle dem Programm zugeordnete Prozesse an |
| /SERVER:Servername | Der abzufragende Terminalserver |

*Abb. 9.13: Query process*

## Query Server

Informationen zu den verfügbaren, ICA-aktivierten Servern auf dem Netzwerk anzeigen.

*QUERY SERVER [server [/PING [/COUNT:n] [/SIZE:n] |*

*/STATS | /RESET | /LOAD | /ADDR]]*

*[/TCP] [/IPX] [/NETBIOS] [/TCPSERVER:x] [/IPXSERVER:x] [/NETBIOSSERVER:x]*

*[/LICENSE | /APP | /GATEWAY | /SERIAL | /DISC | /SERVERFARM | /VIDEO] [/CONTINUE] [/IGNORE]*

| /TCP | TCP/IP-Daten anzeigen |
|---|---|
| /IPX | IPX-Daten anzeigen |
| /NETBIOS | NetBIOS-Daten anzeigen |
| /TCPSERVER:x | TCP/IP-Standardserveradresse |
| /IPXSERVER:x | IPX-Standardserveradresse |

| | |
|---|---|
| /NETBIOSSERVER:x | NetBIOS-Standardserveradresse |
| /LICENSE | Benutzerlizenzen anzeigen |
| /APP | Anwendungsnamen und Serverauslastung anzeigen |
| /GATEWAY | Konfigurierte Gateway-Adressen anzeigen |
| /SERIAL | Lizenzseriennummern anzeigen |
| /DISC | Daten der getrennten Verbindungen anzeigen |
| /SERVERFARM | Server-Farmnamen und Serverauslastung anzeigen |
| /PING | Gewählten Server pingen |
| /COUNT:n | Ping-Anzahl (Standard = 5) |
| /SIZE:n | Größe der Ping-Puffer (Standard = 256 Bytes) |
| /STATS | Browserstatistiken auf gewähltem Server anzeigen |
| /RESET | Browserstatistiken auf gewähltem Server zurücksetzen |
| /LOAD | Auslastungsdaten auf gewähltem Server anzeigen |
| /ADDR | Adressdaten auf dem gewählten Server anzeigen |
| /VIDEO | VideoFrame-Daten anzeigen |
| /CONTINUE | Keine Pause nach den einzelnen Ausgabeseiten |
| /IGNORE | Warnungen über Interoperabilitätsmodus ignorieren |

*Abb. 9.14: Query Server*

### Query SESSION

Informationen über Terminalsitzungen anzeigen.


*QUERY SESSION [Sitzungsname | Benutzername | Sitzungsken-*
*nung] [/SERVER:Servername] [/MODE] [/FLOW] [/CONNECT]*
*[/COUNTER]*

| Sitzungsname | Gibt die Sitzung an |
|---|---|
| Benutzername | Gibt den Benutzernamen an |
| Sitzungskennung | Gibt die Sitzungskennung an |
| /SERVER:Servername | Abzufragende Server (Standard ist der aktuelle Server) |
| /MODE | Zeigt aktuelle Leitungseinstellungen an |
| /FLOW | Zeigt aktuelle Flusssteuerungs-einstellungen an |
| /CONNECT | Zeigt aktuelle Verbindungsein-stellungen an |
| /COUNTER | Aktuelle Zählerinformationen für die Terminaldienste |

*Abb. 9.15: Query Server*


### Query TERMSERVER

Zeigt die verfügbaren Terminalserver im Netzwerk an.


*QUERY TERMSERVER [Servername] [/DOMAIN:Dom„ne]*
*[/ADDRESS] [/CONTINUE]*

| Servername | Gibt einen Terminalserver an |
|---|---|
| /DOMAIN:Domäne | Zeigt Informationen für die an-gegebene Domäne an (Stan-dardeinstellung ist die aktuelle Domäne) |

| /ADDRESS | Zeigt die Netzwerk- und Knotenadresse an |
|---|---|
| /CONTINUE | Keine Pause nach jedem Informationsbildschirm |

*Abb. 9.16: Query TERMSERVER*

### Query User

Zeigt Informationen über die am System angemeldeten Benutzer an.

*QUERY USER [Benutzername | Sitzungsname | Sitzungskennung] [/SERVER:Servername]*

| Benutzername | Gibt den Benutzernamen an |
|---|---|
| Sitzungsname | Gibt die Sitzung an |
| Sitzungskennung | Gibt die Sitzungskennung an |
| /SERVER:Servername | Abzufragender Server (Standard ist der aktuelle Server) |

*Abb. 9.17: Query USER*

### TWCONFIG

Ein weiteres Kommandozeilen-Programm für die Verwaltung Ihrer Citrix-Server ist TWCONFIG. Mit diesem Programm können Sie die ICA-Anzeigeeinstellungen konfigurieren. Einstellungen, die Sie hier vornehmen, haben also direkte Auswirkung auf die Grafikleistung Ihrer Benutzer auf den Terminalservern.

*TWCONFIG [ /QUERY | /Q ] [/SERVER:server] [/DEFAULT]*

*TWCONFIG                 [/INHERIT:on | off]                 [/DISCARD:on | off]
[/SUPERCACHE:on | off]   [/MAXMEM:nnn]   [/DEGRADE:res | color]
[/NOTIFY:on | off]                 [/SERVER:server]                 [/DEFAULT]
[/SrvSrcPaint:on | off]*

| /QUERY, /Q | Aktuelle Einstellungen abfragen |
|---|---|
| /SERVER:server | Der zu konfigurierende Server |
| /DEFAULT | Farm- und nicht Servereinstellungen verwenden |
| /INHERIT:on \| off | Einstellungen von Farm übernehmen |
| /DISCARD:on \| off | Redundante Grafikvorgänge verwerfen |
| /SUPERCACHE:on \| off | Andere Bitmap-Cachingmethode verwenden |
| /MAXMEM:nnn | Maximaler Speicher (in KB) für jede Sitzungsgrafik (150 KB Minimum, 8192 KB Maximum) |
| /DEGRADE:res \| color | Wenn der angeforderte Videomodus nicht verfügbar ist, zuerst Auflösung oder Farbtiefe verringern |
| /NOTIFY:on \| off | Benachrichtigen, wenn Videomodus nicht verfügbar ist |
| /SrvSrcPaint:on \| off | SRCPAINT-Methode auf Server, nicht Client ausführen |

*Abb. 9.18: TWCONFIG*

## Citrix Enterprise Tracer

Den Citrix Enterprise Tracer können Sie kostenlos von der Citrix-Homepage im Internet herunterladen.

`www.citrix.com`

Mit diesem Programm können Sie detaillierte Berichte über den derzeitigen Zustand Ihrer Farm erstellen lassen und diesen im Notfall Support-Mitarbeitern zur Verfügung stellen. Der Enterprise Tracer ist ein wertvolles Tool, wenn es darum geht, eine Serverfarm zu dokumentieren oder Fehler zu suchen und zu beheben.

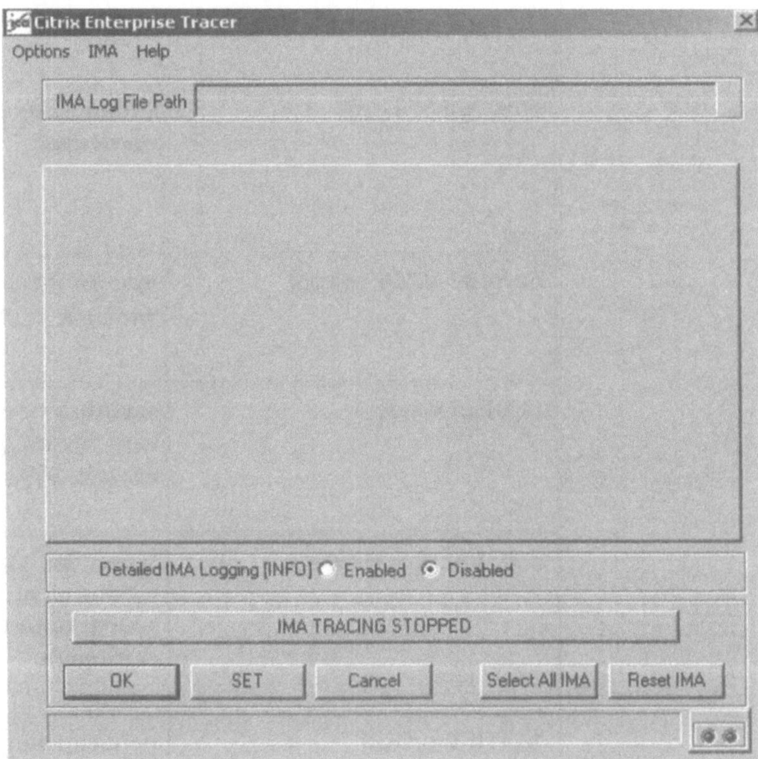


*Abb. 9.19: Citrix Enterprise Tracer*

## CTXDATAXP

Ein weiteres wertvolles Tool ist ·CTXDATAXP. Auch dieses Programm erstellt Berichte über den derzeitigen Status Ihrer Serverfarm. Sie können das Programm von Citrix bekommen oder im Internet herunterladen. Suchen Sie einfach in einer Suchmaschine Ihrer Wahl nach dem Tool. Sie können mit CTXDATAXP auch im laufenden Betrieb detaillierte Informationen über Ihre Citrix-Server-Farm erhalten.

## CTXTOOLS

Auch die CTXTOOLS bieten eine wertvolle Sammlung einiger Programme für Citrix-Administratoren. Sie können das Tool im Internet, zum Beispiel bei

```
http://www.win-scripts.com
```

herunterladen.

## DSVERIFY

Mit diesem Programm können Sie ebenfalls die Konsistenz Ihres Datenspeichers überprüfen. Laden Sie sich auch dieses Programm am besten in der aktuellsten Version aus dem Internet herunter.

# Schlagwortverzeichnis

Veröffentlichte Anwendungen 82
Verschlüsselung 9, 89
Versionen 49
Verwaltung 17, 71
VNC 1

## *W*

Webinterface 48, 52, 135
Windows NT 4 Terminalserver Edition 2
Windows Server 2003 Web Edition 5
Winframe 2
Winsta 36
WTSPRNT.INF 100

## *X*

XPa 49
XPe 49
XPs 49

## *Z*

Zonen 51, 77
Zuordnung 100
Zurückgesetzt 19
Zurücksetzen 107